# 上海地区

# 葡萄病虫害

## 绿色防控手册

田如海　管丽琴 ◎ 主编

中国农业出版社

农村读物出版社

北京

《上海地区葡萄病虫害绿色防控手册》

# 编 委 会

**主　编：** 田如海　管丽琴

**副主编：** 芦　芳

**参　编**（按姓氏音序排列）：

韩阳阳　李进前　马里超

戎　伟　单　涛　单文龙

沈慧梅　王素青　王玉香

吴丹杰　张晋盼

**审　稿：** 郭玉人　王　焱

序

　　《上海市都市现代绿色农业发展三年行动计划（2018—2020)》明确提出，要坚持以"资源节约、环境友好、生态稳定"为基本路径，坚持以"绿色供给、农业增效、农民增收"为基本任务，要求推进绿色低碳循环生产方式，加大农业绿色生产技术推广力度，推广有机肥替代化肥、测土配方施肥，强化病虫害统防统治和全程绿色防控，减少化学肥料和化学农药的使用。这就要求上海市水果产业逐步转变传统生产理念，提升果品竞争力，严格把控生产各环节，适应当前都市现代绿色农业发展需求。

　　自2014年起，"上海果业产业技术体系建设"项目团队围绕都市现代绿色果业产业技术发展需求，以实现上海果业"高效、生态、安全"为主要目标，集聚科技资源进行共性技术和关键技术的创新研究，注重技术的集成应用和示范推广，直接为产业发展提供全方位技术服务。其中以上海市农业技术推广服务中心为承担单位的"水果绿色防控技术专业组"，围绕水果病虫害数据库的建立、主要病虫害消长规律和系统调查方法的研究、病虫害绿色防控技术的集成和示范等方面开展大量工作，并组织本市果树方面多名专家编写这套绿色防控技术手册，详细介绍上海地区果树病虫害发生种类及绿色防控技术应用方法。基于编写人员长期从事基层农业技术推广工作，从而保证了内容既有长期实践经验的理论提升，又有最新研究成果的总结提炼，以及内容的通俗易懂、可操作性强，可供新形势下水果产业从业者参考借鉴。

相信本书的出版将有助于上海市乃至华东地区的果树绿色防控技术的推广应用，并能为广大果业从业者提供更好的专业技术指导服务。

上海市农业科学院作物林果所　所长
上海市果业产业技术体系　首席专家

# 前　言

　　葡萄原产于东亚地区，是世界上栽培面积较大的水果种类之一。葡萄自西汉时期张骞出使西域引入中国以来，其在中国已有2 000余年栽培历史，并且在国内被广泛种植，既可鲜食，也可酿酒、制作果干或果汁，是深受我国人民喜爱的水果之一。

　　20世纪50年代末以来，上海郊区开始种植鲜食葡萄，2014年上海葡萄种植面积曾达到约5 287 hm²。随着种植业结构的调整，葡萄种植面积有所减少，至2023年，种植面积为2 200 hm²，占上海果树种植总面积的18.74%，年产量3.79万 t，总产值超过6.73亿元，是当前亩产值最高的水果种类，也成为果农增收的主要来源。主栽品种以巨峰、巨玫瑰、醉金香、夏黑、阳光玫瑰为主，产区主要分布于嘉定区、浦东新区、金山区等地，其中嘉定马陆葡萄、金山施泉葡萄等优质地产品牌在全国评比中屡获佳绩，也得到了上海市民的广泛认可。

　　高温干燥的气候最适宜葡萄生长，上海属亚热带季风气候，葡萄生长季降水量比较集中，加之上海主要葡萄产区地势较低，长三角地区特有的梅雨、台风、暴雨天气导致田间湿度较大，易诱发多种病虫危害，其中葡萄灰霉病、葡萄白腐病及二星斑叶蝉等主要病虫害严重影响上海的葡萄生产。

　　葡萄产值较高，但果农对病虫害造成的损失承受度较低。受传统农业生产习惯影响，在病虫害防治环节过分依赖化学农药，防治手段较为单一，防效降低的同时，间接拉高了生产成本；绿色防控技术相关知识匮乏，过量使用化学农药导致天敌及中性昆虫数量减少，田间生态系统被破坏，不利于农作物生产安全、农产品质量安全和农业生态环境安全。随着公众对农产品质量要求的进一步提高，上海葡萄产业发展必须坚持绿色生态的发展理念，加大减肥、减药等绿色农业生产技术的推广应用，不断提升特色品牌市场竞争力，因此推广普及绿色、安全、高效的葡萄病虫害防治技术已势在必行。

2014年，依托"上海市果业产业技术体系建设"项目，笔者积累了大量葡萄病虫原色生态图片，总结了葡萄绿色防控技术研究和应用方面的经验，并在此基础上编写了《上海地区葡萄病虫害绿色防控手册》一书。全书含100余幅高清原色生态照片及丰富的实用技术，科学介绍了上海地区16种(类)虫害、14种病害的识别及其危害规律和防治技术，尤其重点介绍了葡萄全程绿色防控技术的集成应用，企盼为广大葡萄生产者、基层农业技术推广人员、农资厂家与经销商以及高等院校师生提供参考。

本书在编写过程中得到了王焱研究员、陈磊农艺师的精心指导和帮助，在此一并致谢。

编写本书的作者都是工作在生产一线的农业技术人员，受编者水平限制，书中难免有疏漏之处，敬请广大读者批评指正。

编　者

2023年3月

# 目 录

序
前言

## 上篇　葡萄病虫害识别与防治

### 一、葡萄病害

## 下篇　葡萄全程绿色防控技术集成应用

# 上　篇
## 葡萄病虫害识别与防治

# 一、葡萄病害

## 葡萄霜霉病

● **分布：** 在我国各葡萄产区均有分布，是影响葡萄生产的主要病害之一。

● **症状：** 该病害主要危害葡萄叶片，也能侵害嫩梢、花蕾及幼果。发病初期，叶片正面出现细小、淡黄色、水渍状病斑，之后逐渐扩大为褐色不规则病斑，边缘不明显。病斑背面产生白色霜状霉层，即病菌的孢囊梗和孢子囊，发病严重时病叶早枯早落。嫩梢受害，形成水渍状斑点，后变为褐色略凹陷的病斑，潮湿时病斑也产生白色霜霉，病梢生长停止，扭曲，严重时枯死。卷须、穗轴、叶柄有时也会受害，其症状与嫩梢相似。花蕾和穗梗受害后出现暗褐色病斑，表面有白色霜状物，后期萎蔫脱落。幼果受害，病部褪色，变硬下陷，上生白色霜霉，易萎缩脱落。果粒膨大期受害，病部呈褐色软腐状，易早落。果实着色后不易被侵染。

● **病原：** 葡萄霜霉菌 [*Plasmopara viticola* (Berk. et Curt.) Berl et de Toni]，属卵菌。

● **发病规律：** 病菌以卵孢子在病组织内越冬，或随病叶遗留在土壤中越冬。翌年温度达到11℃以上时，卵孢子萌发产生芽孢囊，进而产生游动孢子，通过雨水飞溅传播至葡萄上，成为春季初侵染源，并通过气孔和皮孔侵入寄主组织，完成初次侵染。经过7～12d的潜育期，在病部产生孢囊梗及孢子囊，孢子萌发产生游动孢子进行再次侵染。如环境条件适宜，病菌在整个葡萄生长期内可不断产生孢子囊，重复侵染。孢子囊萌发适宜温度为10～15℃，游动孢子萌发的适宜温度为18～24℃。该病害的发生与温湿度和降雨密切相关，低温高湿是其发生流行的适宜气候条件，低温、多雨、多露、多雾天气，果园地势低洼、架面通风不良、树势衰弱均有利于该病害发生。上海地区一般5月中下旬开始发病，6—7月、9—10月分别为该病害的2个发病高峰期。

● **绿色防控措施：**

**1.农业防治** 实行避雨栽培，阻隔病原随雨水传播，降低果园空气相对湿度，抑制孢子囊的形成、萌发和游动孢子的萌发侵染；加强果园管理，合理修剪，引缚枝蔓，改善架面通风透光条件；注意除草、排水，降低葡萄园内土壤、空气相对湿度；适当增施磷钾肥，施用石灰处理酸性土壤，提高植株抗病能力；休眠期清除菌源，彻底清理果园，剪除病梢，收集病叶、病果，带出园外集中深埋或销毁。

**2.药剂防治** 早春萌芽前（绒球期），全园喷施5波美度石硫合剂清园消毒，降低越冬病原基数；发病前或发病初期用药，可选用77%硫酸铜钙可湿性粉剂500～700倍液，主要用于发病前预防，或250g/L嘧菌酯悬浮剂1 000～2 000倍液，或70%丙森锌可湿性粉剂400～800倍液，或60%唑醚·代森联水分散粒剂1 000～2 000倍液，或23.4%双炔酰菌胺悬浮剂1 500～2 000倍液，均匀喷雾防治，喷药重点为幼嫩叶片背面。

避雨栽培

霜霉病危害叶片

霜霉病叶背面霉层

霜霉病危害幼果

葡萄白腐病

● **分布：**在我国葡萄产区普遍发生，是葡萄生产的主要病害之一。

● **症状：**该病害主要危害穗轴、果粒和枝蔓，叶片发病较轻，常见症状主要出现在果穗上。果穗先从穗轴及果梗发病，病斑呈褐色不规则水渍状，以后向果实蔓延，果粒从果梗开始呈淡褐色软腐状，扩展至全果实时，变成深褐色腐烂状态，表面密生灰白色小点，该灰白色小点为病菌的分生孢子器，几天后整个果穗变褐腐烂，最后果梗干枯皱缩，果粒脱落，或僵缩成有明显棱角的僵果。枝蔓上常于损伤处出现病斑，病斑呈水渍状，褐色，表面密生灰白色至深褐色的小点，后期病斑皮层纵裂成乱麻状，病斑以上枝叶枯死，白腐病一般危害没有木质化的枝条，因此当年生新蔓较易受害。叶片上病斑常从叶缘向叶内扩展、近圆形，有同心轮纹，初期淡褐色，后变红褐色并干枯破裂。

● **病　原**：白腐盾壳霉菌 [*Coniothyrium diplodiella* (Speg.) Sacc.]，属半知菌亚门腔孢纲球壳孢目。

● **发病规律**：病菌以菌丝体和分生孢子器在病枝上和土壤表层的病残体中越冬。土表的病残体是第2年初次侵染的主要菌源，5月开始由病残体散发出的分生孢子靠雨水和气流传播，由伤口侵入，通常上海地区6月上旬开始发病，之后当年新病斑上产生的病原孢子不断散发，引起再次侵染，6月中下旬至7月上旬为发病盛期。发病的僵果是再次侵染的主要菌源。

该病的流行程度与气候条件关系很大，高温高湿有利于发病，每次雨后经常会有1次发病高峰期。距地面过近的果穗容易发病，管理粗放、伤口多的葡萄容易发病，近成熟的果实易发病。排水不良、地势低洼、园地潮湿、通风透光不良的葡萄园发病重。

● **绿色防控措施**：

**1.农业防治**　休眠期结合冬剪及时清除病残体，生长季剪除病叶、病蔓和病果，带出园外集中销毁；增施优质有机肥和生物有机肥，培养土壤肥力，改善土壤结构，促进植株根系发达，增强抗病力；将结果部位尽量提高至40cm以上，可减少地面菌源接触的机会，有效避免白腐病的传染发生；疏花疏果，合理调节植株的挂果负荷量；果实套袋，物理降低病菌侵染概率。

**2.药剂防治**　5月下旬至6月上旬发病初期，可用250g/L嘧菌酯悬浮剂830 ～ 1 250倍液，或60％唑醚·代森联水分散粒剂1 000 ～ 2 000倍液，或75％肟菌·戊唑醇水分散粒剂5 000 ～ 6 000倍液，均匀喷雾防治。

白腐病病果

## 葡萄灰霉病

● **分布：** 我国主要葡萄栽培区域均有发生，随着设施栽培的大面积普及，该病害已成为严重影响葡萄生产的主要病害之一。

● **症状：** 该病害主要危害花穗和果实，花穗感病后，初呈淡褐色水渍状病斑，后逐渐变暗，病组织软腐，外界潮湿时，表面产生鼠灰色霉层。果实在近成熟期感病，初期产生淡褐色斑点，随后逐渐扩大，出现褐色凹陷病斑，果皮产生裂口，果粒很快腐烂，长出鼠灰色霉层。发病严重时新梢和叶片也会感病，一般从尖端开始产生淡黄褐色V形病斑，随后病斑扩大，颜色变为黑褐色，有时出现不明显的轮纹。贮藏期如受病菌侵染，病斑部位会溢出黄褐色黏液，浆果变色、腐烂，有时在果梗表面产生黑色菌核。

● **病原：**有性世代为富氏葡萄孢盘菌 [*Botryotinia fuckeliana*（de Bary）Whetzel]，属子囊菌门葡萄孢菌属。无性态为灰葡萄孢霉（*Botrytis cinerea* Pers.），属无性型菌物葡萄孢属。

● **发病规律：**病菌主要以菌核越冬，或以菌丝体在树皮和休眠芽上越冬。翌年春天，环境条件适宜时长出新的分生孢子，通过伤口、自然孔口及幼嫩组织侵入寄主，实现初次侵染。葡萄灰霉病大致有3次发病高峰。第1次在开花前后，主要引起花序腐烂、干枯和脱落，并进一步侵染果穗和穗轴，导致坐果率低；第2次发病在果实转色至成熟期，主要危害果实，形成鼠灰色霉层；第3次在贮藏过程中，管理粗放会发生灰霉病，有明显的鼠灰色霉层，造成果粒腐烂。上海地区以第1次发病高峰期为主，病菌适宜于较低温度和较高的空气湿度，花期遇多雨湿润、果实成熟期遇雷暴雨等不利天气，均能促使病害发生及发展。持续阴雨天、低温、高湿或光照不足、通风不及时等，均会导致严重发病。

● **绿色防控措施：**

1.**农业防治**　建园时选择通风良好的地块，搭建高度适宜的棚架保证通风和采光，以预防、减轻灰霉病的发生；优先选用抗病性好的植株，采用配方施肥，使树体强健，增强植株自身抗病能力；可通过抬高结果部位或覆盖地膜等方式减少病原菌对果实的侵染，及时修剪并清除发病部位，防止2次侵染；果实成熟前期，注意控水以减轻发病程度。田间病残枝叶及病果应集中销毁或深埋，从根本上减少病菌菌源。此外，葡萄采收及采后运输过程中，应注意减少碰伤，降低发病率。

2.**药剂防治**　早春萌芽前（绒球期），全园喷施5波美度石硫合剂清园消毒，降低越冬病原基数；开花前期及落花后进行药剂防治，避免盛花期用药，药剂可选用500g/L异菌脲悬浮剂

750 ～ 1 000 倍液，或 400g/L 嘧霉胺悬浮剂 1 000 ～ 1 500 倍液，或 42.4％唑醚·氟酰胺悬浮剂 2 500 ～ 4 000 倍液，或 50％啶酰菌胺水分散粒剂 500 ～ 1 500 倍液等，均匀喷雾防治，灰霉病易产生耐药性，注意药剂交替使用；微生物源杀菌剂每 667m$^2$ 可选用 2 亿孢子/g 木霉菌可湿性粉剂 200 ～ 300g，但不可与化学杀真菌药剂混合使用。

灰霉病危害花穗

灰霉病危害果穗

## 葡萄黑痘病

● **分布：**我国葡萄主产区除新疆和少数干旱地区外，均有葡萄黑痘病害发生，南方春夏多雨的地区和北方多雨的年份较易流行。

● **症状：**该病害又称"鸟眼病"，从葡萄发芽至生长后期均有发生，植株的绿色幼嫩部分，如新梢、卷须、叶片、叶柄、果实及果梗等均会受害。新梢、蔓、叶柄、叶脉、卷须及果柄受害时，病斑呈长椭圆形，边缘紫褐色且稍隆起，中央呈暗色的不规则凹陷斑，病斑可联合成片，形成溃疡，环切而使上部枯死。幼叶受害呈多角形，发病初期，叶部出现针眼大小红褐色至黑褐色的小斑点，周围出现淡黄色的晕圈，随后逐渐蔓延扩大，叶脉受害而停止生长，从而使叶片皱缩畸形，直至叶片形成中央灰白色、边缘暗褐色或紫色病斑，直径1～4mm，最后导致干燥、破裂、穿孔，中间呈星芒状破裂。幼果受害时呈褐色至黑褐色针尖大小的圆点，中央灰白色似鸟眼状，病斑易开裂，且病果小而味酸，有时病斑亦可连片，表面形成硬化，发病后期病粒萎蔫变黑至干枯脱落，严重影响葡萄的产量和品质。

● **病原：**无性阶段为葡萄痂圆孢菌（*Sphaceloma ampelinum* de Bary），属半知菌亚门葡萄孢属真菌；有性阶段为葡萄痂囊腔菌 [*Elsinoe ampeliina* (de Bary) Shear.]，属子囊菌亚门痂囊腔菌属真菌。

● **发病规律：**病菌主要以菌丝体在病枝越冬，少数在叶、果等组织内越冬；翌年4—5月产生分生孢子，经气流及雨水传播，侵害幼嫩组织。葡萄从萌芽展叶后至果粒形成期最易感病。在长江流域，一般5月上旬开始发病，随着气温升高和雨水增

11

多，其孢子不断萌发，侵染葡萄植株上的所有绿色幼嫩组织而造成危害，菌丝体产生的分生孢子侵入适温为25℃，菌丝生长的温度范围为8～32℃，最适温度为24℃，侵染经10d左右即可形成病斑并多次再侵染，致使病情加重。上海地区4月底至5月初开始发病，6—7月梅雨季节发病最盛，7—8月高温时停止发生。葡萄黑痘病属低温高湿型病害，病害发生与降雨、空气湿度有密切关系，只侵害葡萄幼嫩组织，主要在萌芽、嫩梢生长期及幼果期造成危害。

● **绿色防控措施：**

**1.农业防治** 冬季清园，清除病残体并销毁；生长季及时剪除病害部位，带出园外集中销毁；实行设施栽培，切断病原的雨水传播途径；合理施肥，施足有机肥，避免单独、过量施用氮肥，以增强树势；加强对枝梢的管理，适当疏花疏果，控制果实负载量，及时锄草，结合夏季修剪，及时绑蔓，去除副梢、卷须和过密的叶片，避免架面过于郁闭，改善通风透光条件，降低田间温度和湿度；地势低洼的葡萄园，雨后应及时排水，做好排涝措施，防止果园积水。

**2.药剂防治** 早春萌芽前（绒球期），全园喷施5波美度

葡萄黑痘病病果

石硫合剂清园消毒，降低越冬病原基数，葡萄展叶后进行防治，开花前和落花70％～80％时施药最佳，可使用250g/L嘧菌酯悬浮剂830～1 250倍液，或75％肟菌·戊唑醇水分散粒剂5 000～6 000倍液，或43％氟菌·肟菌酯悬浮剂2 000～4 000倍液，均匀喷雾防治。

葡萄黑痘病危害枝蔓

## 葡萄白粉病

● **分布：** 在我国葡萄种植区普遍分布，新疆、甘肃、宁夏及河北等省份的相对干旱地区发生较重，是设施栽培葡萄的主要病害之一。

● **症状：** 该病菌主要侵害葡萄的叶片、果实及枝蔓等所有绿色部分，其中幼嫩组织更加容易受到侵染，老叶等也不同程度受害。叶片受害时，首先叶片正面产生灰白色病斑，上面覆盖灰白色粉状物，即病菌的菌丝体和分生孢子，发病严重时全叶盖满灰白色粉状物，使叶片卷缩、枯萎、脱落；有时产生小黑点，是孢子的闭囊壳。幼叶受害后会扭曲变形，基本停止生长。花序发病时，花序梗受害部位开始颜色变黄，而后花序梗发脆，容易折断。穗轴、果梗和枝条发病时，出现不规则的褐色或黑褐色斑，羽纹状向外延伸，表面覆盖白色粉状物。受害后的穗轴、果梗变脆，枝条不能老熟。果实受害时，首先在果面布满白色粉状物，病斑上去粉后出现褐色星芒状花纹，表皮细胞死亡，果实停止生长，有时变成畸形，味酸，果实长大后，在多雨时感病，病斑处开裂后腐烂。

● **病原：** 有性阶段为葡萄钩丝壳菌 [*Uncinula necatord* (Schwein.)Burr.]，属子囊菌亚门钩丝壳属；无性阶段为葡萄粉孢菌 *Oidium tuckeri* Berk.，属半知菌亚门粉孢属真菌。

● **发病规律：** 上海地区以菌丝体在被害组织或芽的鳞片内越冬，翌年形成分生孢子，由风雨传播。分生孢子飞落至寄主表面后，条件合适时即萌发并直接穿透寄主表皮而侵入。一般开花前后即有少数叶片发病，随后新梢和果实相继发病。一般在6月中旬开始发生，7月中上旬增多，近成熟时发病最重。白粉病发病轻重与气候关系密切，菌丝在5 ～ 40℃时均可生长，其中最适温度为25 ～ 30℃。分生孢子在较低的湿度下即可萌发，因此夏季是葡萄白粉病高发季节，尤其干旱的年份及相对干热的夏季，有利于白粉病发生流行。此外，设施栽培内高湿高温的小气候极利于该病发生，故其发病程度重于露地栽培。

● **绿色防控措施：**

**1.农业防治** 冬夏季修剪时注意收集病枝、病叶、病果，集中销毁或深埋；加强生长期肥水管理。雨季注意排水防涝，增强树势，提高抗病力，并且及时摘心、绑蔓、除副梢，改善通风、透光条件，减轻该病害发生。

**2.药剂防治** 在葡萄芽膨大但未发芽前喷施5波美度石硫合剂，减少越冬病原。葡萄发芽抽枝后，发病初期可交替使用1%蛇床子素可溶液剂1 000 ～ 2 000倍液，或50%肟菌酯水分散粒剂1 500 ～ 2 000倍液，或42.4%唑醚·氟酰胺悬浮剂2 500 ～ 5 000倍液，均匀喷雾防治。

葡萄白粉病病叶

葡萄白粉病侵染果穗

## 葡萄炭疽病

● **分布：** 在我国南方以及北方环渤海湾葡萄产区普遍发生。在上海分布于嘉定、南汇、金山、宝山、松江、奉贤及浦东等地，是上海葡萄产区近成熟期危害严重的病害之一。

● **症状：** 该病害也称"晚腐病、苦腐病"，主要危害葡萄果实，在转色期至成熟期的果实上发生，近成熟或成熟期表现症状明显；也能侵害叶片、新梢、卷须和穗轴等部位。果实受害时，首先在果面产生针头大小的褐色小圆斑，之后逐渐扩大并凹陷，表面产生同心轮纹状排列的暗黑色小颗粒，即病原菌的分生孢子盘，环境湿度大时发病部位出现粉红色分生孢子团，严重时病斑扩展至全穗，发生严重时果园病穗率可达50%～70%，不仅造成减产，而且严重影响果实的品质。果梗和穗轴受害后变褐凹陷，潮湿时产生浅红色黏液，果梗、穗梗干枯后造成大量落果。叶片发病时初为褐色小斑，稍凹陷；严重时病斑布满全叶，病斑相互联合，使叶片枯黄脱落。新梢病斑呈淡黄褐色，有小黑点，潮湿时分泌浅红色黏液，病梢易脱落。

● **病原：** 胶孢炭疽菌（*Colletotrichum gloeosporiodes* Penz.），属半知菌亚门刺盘孢属真菌。

● **发病规律：** 病菌主要在一年生枝蔓表层组织及病果上以菌丝体越冬，也能在叶痕、穗轴及节部等处越冬，老枝蔓和二年生枝蔓因皮层脱落不带菌。翌年春季在环境条件适宜时，产生大量分生孢子，引起初次侵染。病菌在5—6月就能侵入果实，潜伏至果实变色期出现症状，越近成熟发病越快。病菌要求高温高湿的条件，发病适温为28～32℃。因此，7—8月如果雨量多，发病就重；少雨年份发病就减轻；9月如果降雨多，可2次发病。受日灼危害的果粒常易感病；株行距过密、通风透光差、树冠郁闭情况下发病重；果穗越接近地面，发病率越高；氮肥过量施用、枝蔓徒长、园地低洼、排水不良时有利于其发病。

● **绿色防控措施：**

**1.农业防治**　入冬前修剪果园的同时，将所有感染炭疽病的枝条、叶片及果穗等植株组织全部集中销毁，以保证果园的清洁，避免越冬菌源影响翌年植株正常生长；建立良好的排水系统，降低果园湿度，减轻发病程度；适当疏花、疏果，提高结果位置，及时剪除过密枝蔓，及时摘心、绑蔓，改善通风透光条件；避雨栽培，降低果园空气湿度；果实及时套袋，套袋的时间宜早不宜晚；合理施肥，增施磷钾肥，增强植株抗病力。

**2.药剂防治**　早春萌芽前（绒球期），全园喷施5波美度石硫合剂清园消毒，降低越冬病原基数；发病前或发病初期，可选用10%苯醚甲环唑水分散粒剂800～1 300倍液，或40%腈菌唑可湿性粉剂4 000～6 000倍液，或25%咪鲜胺乳油800～1 500倍液，或325g/L苯甲·嘧菌酯悬浮剂1 500～2 000倍液，均匀喷雾防治。

葡萄炭疽病病果

# 葡萄小褐斑病

● **分布：** 在我国局部发生，其中在上海分布于嘉定及奉贤等地。

● **症状：** 该病害又名"葡萄斑点病、葡萄褐点病或葡萄角斑病"，主要危害叶片。发病初期，叶片染病部位表面产生黄绿色小斑点，逐渐扩大呈圆形，中间颜色稍浅，边缘深褐色，大小比较一致，后扩大为直径2～3mm的病斑。发病严重时，许多病斑融合在一起，形成大型病斑。后期在病斑背面产生一层较明显的暗褐色或灰黑色霉层，病斑多时病叶早落，削弱树势，影响产量。

● **病原：** 座束梗尾孢菌 [*Cercospora roesleri* (Catt.) Sacc.]，属半知菌亚门尾孢属真菌。

● **发病规律：** 病菌以菌丝体和分生孢子在落叶上越冬，至翌年初夏长出新的分生孢子梗，产生分生孢子，分生孢子通过气流和雨水传播，引起初次侵染。分生孢子发芽后从叶背气孔侵入，发病通常自植株下部叶片开始，逐渐向上蔓延。病菌侵入寄主后，经过一段时间，在环境条件适宜时，产生第2批分生孢子，引起再次侵染，造成陆续发病。通风不良、低洼积水、树势衰弱的园区发病较重。直至秋末，病菌又在落叶病组织内越冬。分生孢子萌发和菌丝体在寄主体内发展需要高湿和较高的温度，所以在葡萄生长中后期雨水较多时，褐斑病容易发生和流行。褐斑病一般在出现老熟叶片时（5、6月）初发，7—9月为发病盛期，多雨的夏季发病严重，发病严重时可使叶片提早1～2个月脱落，严重影响树势和翌年的结果情况。

● **绿色防控措施：**

**农业防治** 保持园区清洁，秋后彻底清扫果园落叶，集中

处理，减少越冬菌源是防控该病的关键。通过摘心、修剪、绑
蔓、中耕除草等措施，
避免果园郁闭、植株旺
长，提高植株抗病力，
改善果园通风透光条
件，减少小褐斑病侵入
和降低流行风险；夏季
注意排除积水，降低果
园湿度；科学施肥和配
方施肥，多施有机肥，
控制氮肥用量；葡萄生
长中后期及时摘除下部
黄叶、病叶，适当提高

葡萄小褐斑病

架势（高架栽培）也可减轻发病。

## 葡萄溃疡病

● **分布：**目前已在法国、西班牙、意大利、黎巴嫩、埃及、
南非、澳大利亚、美国以及智利等全球绝大部分葡萄生产国家
发生流行，并广泛分布于我国东北、华北、华东和西北等葡萄
种植区。

● **症状：**该病害可危害葡萄果实、枝条，引起树势衰减甚
至死亡，枝干出现溃疡斑、叶片皱缩、果实脱落等。葡萄果穗
上多于转色期出现症状，表现为穗轴出现黑褐色病斑，并逐步
向下干枯，导致枯萎小穗轴上发软的果实极易掉落。枝干病害
最为明显，枝条或枝干顶梢枯死或表面出现溃疡斑，维管束组
织可见褐色或黑色的不规则坏死斑，由于木质部传输阻断或毒
素形成，造成树势衰弱、枝条枯死。维管束和叶部常出现多年

溃疡斑印、枝条顶枯、主干坏死、维管束斑纹、浅度萎黄及叶子枯萎等情况。

● **病原：** 主要病原菌为子囊菌门葡萄座腔菌属真菌 [*Botryosphaeri adothidea*（Moug.）Ces. et De Not.]，国内已鉴定可可毛色二孢菌（*Lasiodiplodia therbromae*）及小新壳梭孢（*Neofusicoccum parvum*）等也可引起葡萄溃疡病。

● **发病规律：** 病原菌可以在发病枝条及病果等病组织上越冬越夏，翌年通过降雨或树冠层灌溉传播，树势弱时容易感病，翌年春夏随风雨传播，果实产量过高、树势衰弱、植物生长调节剂应用不当时发病严重。自然条件下，该属病原菌寄生性较强，可在多种情况下生存并繁殖，故其病原菌来源广泛。尤其在病组织和病死枝条上繁殖和越冬的病菌，均为新病害的侵染源。病菌一般从修枝、日灼、冻害和昆虫危害等留下的伤口或自然孔口侵入树体组织，在有伤或条件适宜情况下，病菌侵入后可导致严重发病。溃疡病菌经伤口侵入时，其侵染成功率高且致病性强；而经自然孔口侵入时，其侵染力大大削弱且潜育期变长。不同葡萄品种对溃疡病抗性存在差异，上海主栽品种中藤稔、巨峰和红地球等品种较抗病，巨玫瑰、夏黑较易感病。

● **绿色防控措施：**

**1.农业防治** 合理疏果，加强水肥管理，严格控制产量，提高树势，增强植株抗病力；棚室栽培的情况下要及时覆膜，避免葡萄植株淋雨；拔除死树并销毁，对树体周围的土壤进行消毒，禁用病枝条留作种条；清除病原，及时修剪田间的病枝蔓或其他病组织并集中处理；修剪后伤口使用杀菌剂进行消毒处理。

**2.选用抗病品种** 在重病区建园时，要优先选用抗病品种，如高抗品种美人指和藤稔等；也可选用抗病品种巨峰、玫瑰香和红地球等。

葡萄溃疡病侵染果穗

## 葡萄蔓割病

● **分布**：在我国各葡萄产区均有分布，尤其在北方分布较广。

● **症状**：多发生在二年生以上枝蔓上，也可以危害叶片、叶柄和果实。枝蔓受侵染后，侵染部位显示红褐色或淡褐色不规则病斑，稍凹陷，后期病斑扩大呈梭形或椭圆形，暗褐色。病部枝蔓纵向开裂是此病最典型的特征，在病斑上产生黑色小粒点，即病原菌的分生孢子器。天气潮湿时，小粒点上溢出白色至黄色黏质胶状物，即病菌的分生孢子团。主蔓受害时，植株生长衰弱，萌芽晚，节间短，叶片小；果穗及果粒也变小，病株果实提前着色（非正常着色），品质较差，有时叶片变黄，甚至枝叶萎蔫，严重时，翌春老病蔓出现干裂，抽不出新梢，或者勉强抽出较短新梢，1～2周即枯萎死亡。果粒受害时，果面出现暗褐色不规则斑点，病斑扩大后引起果实腐烂，后期病果面密生黑色小颗粒，即为病菌的分生孢子器。病果逐渐干缩成僵果，果梗受害则枯死；新梢、叶柄或卷须发病时，初期产生暗褐色、不规则小斑，病斑扩大后，病组织由暗褐色变为黑色条斑或不规则大斑，后期皮层开裂，组织变硬、变脆。

● **病原：**葡萄生小陷孢壳 [*Cryptosporella viticola* (Red.) Shear.]，属子囊菌亚门真菌。病菌的无性世代为葡萄生壳梭孢 (*Fusicoccum viticolum* Redd.)，属半知菌亚门真菌。

● **发病规律：**主要以分生孢子器或菌丝体在病组织、树皮和芽鳞内越冬，春天空气潮湿时，分生孢子器从孔口释放出分生孢子，借风雨或昆虫媒介传播至寄主上，远距离传播时通过带菌的繁殖材料，开始初次侵染。病菌在相对湿度100%的条件下48h即可完成侵染，在潜育期21～30d后便出现明显症状。天气干热时病菌停止活动。若条件适宜，病菌可以进行重复侵染，春秋气温低、遇连续降雨、田间湿度大和机械、病虫伤口多是病害流行的主要条件。栽培管理与病害发生轻重也有一定关系，一般地势低洼、土壤黏重、排水不良、土壤瘠薄、肥水不足的果园，以及虫伤、冻伤多或患有其他根部病害的葡萄树，发病较严重；多雨、潮湿的天气也有利于其发病。

● **绿色防控措施：**

**1.农业防治**　管理精细，挂果量适宜，改良土壤，做好防寒、防冻工作，保护树体，防止枝蔓扭伤和减少伤口，以减少病菌侵染途径；肥水供应充足、合理，增施磷钾肥，提高树体抗病能力和增强染病树体的愈合能力；注意防治地下害虫、茎部蛀虫及其他根部病害，减少病菌侵入的机会。

**2.物理防治**　及时剪除和刮治病蔓。较粗病蔓可进行刮治，用锋利的小刀将病部刮除干净，直刮至健康组织为止，并将刮下的病部组织深埋或销毁。

**3.化学防治** 远距离引进的砧木、接穗、插条和苗木等繁殖材料，可用3～5波美度石硫合剂进行消毒处理；已发病植株，刮除病部后使用石硫合剂涂抹伤口；葡萄发芽前喷施石硫合剂，可有效防控蔓割病；春末夏初，在病菌的分生孢子角分散传播之前，使用1～2次杀菌剂（如1：0.7：200倍波尔多液），重点针对老枝蔓进行防治。

葡萄蔓割病

## 葡萄穗轴褐枯病

● **分布：**辽宁、山东、广西、新疆、湖南、江苏、浙江及上海等地。

● **症状：**该病害主要发生在葡萄幼嫩的穗轴上。发病初期，穗轴表皮产生淡褐色、水渍状斑点，然后迅速向其他分支穗轴和主穗轴扩展，最后形成褐色病斑。湿度大时病斑上可见黑色霉层，即病菌菌丝、分生孢子梗和分生孢子；病斑进一步扩展后，整个穗轴变褐坏死，不久失水干枯，果粒也随之萎缩脱落，干枯的花序轴易在分枝处被风折断脱落。病害发生严重时，整个穗轴及其果柄全部变褐坏死，花蕾或花几乎全部落光，严重影响葡萄产量。幼果受害时，表皮形成黑褐色圆形斑点，但一般不深入果肉组织中，对果实的生长发育影响不大。

● **病原：** 葡萄生链格孢（*Alternaria viticola* Brun），属半知菌亚门链格孢属真菌。

● **发病规律：** 病原菌主要以菌丝体和分生孢子寄生于残存母枝或掉落土壤中的残枝上越冬。翌年，当花序展露至开花前后，分生孢子借气流及风雨传播，主要侵染幼嫩的花蕾、穗轴或幼果，使其萎缩、干枯，造成大量落花落果。高湿是葡萄穗轴褐枯病流行的主要原因，开花期遇低温多雨天气有利于该病的发生蔓延。病菌侵入与果穗组织的老嫩程度有关，穗轴木质化程度越高发病率越低，故老龄树和树势较弱者发病重。另外，地势低洼、通风透光差、架面郁闭、小环境湿度大、管理较差的果园发病较重。当果粒达到黄豆粒大小时，病害停止蔓延。上海主栽的巨峰、夏黑品种相对易感病。

● **绿色防控措施：**

**1. 农业防治** 冬季修剪后彻底清洁果园，清除病枝、病果，对病枝进行集中销毁，减少越冬菌源；适时抹芽、摘心、修剪果枝，控梢生长，使养分回流，增强树势，改善通风透光条件，尽量减少机械造成的损伤；合理施肥，控制氮肥的含量，适当加施有机肥和磷钾肥，从而增强葡萄枝藤抗病力；及时排涝降湿，遇低温多雨天气，及时排去田间积水，降低湿度，从而削弱病原菌的生长。

**2. 药剂防治** 早春萌芽前（绒球期），全园喷施5波美度石硫合剂清园消毒，降低越冬病原基数。花序分离至开花前后，可选用300g/L醚菌·啶酰菌悬浮剂1 000 ~ 2 000倍液，或12%苯甲·氟酰胺悬浮剂1 000 ~ 2 000倍液，均匀喷雾防治。

葡萄穗轴褐枯病

葡萄根癌病

● **分布：** 葡萄根癌病是世界上普遍发生的一种细菌病害，在国内主要葡萄栽培地区均有分布。

● **症状：** 该病害又称"根头癌肿病、冠瘿病"，主要危害葡萄的根、根颈和老蔓。发病初期，发病部位形成稍带绿色或乳白色粗皮状的癌瘤，质地柔软，表面光滑。瘤体长大时，逐渐变为深褐色，质地变硬，表面粗糙，大小不一，有的数10个瘤簇生成大瘤，严重时整个主根变成大瘤状。老熟病瘤表面龟裂，在阴雨潮湿天气易腐烂脱落，并有腥臭味。葡萄苗木和幼树感病是在嫁接部位周围形成癌肿，随着树龄增加，可蔓延至主枝、侧枝及结果母枝新梢，但在根部极少形成。受害植株由于根部、皮层及输导组织被破坏，对水和矿物元素的吸收受到影响，导致树势衰弱、植株生长不良，严重时植株干枯死亡。葡萄根癌病菌呈系统侵染态势，不但靠近土壤的根部、靠近地面的枝蔓出现症状，枝蔓和主根的任何位置都可能发现病症，但是主要发生在根茎部或二年生以上的枝蔓上以及嫁接苗的接口处。

● **病原：**葡萄根癌病是一种传染性细菌病，病原菌为土壤杆菌属细菌（*Agrobacterium vitis*）。

● **发病规律：**病原菌平时存在于葡萄周围的土壤中，在土壤中至少生活2年以上，可在葡萄的根部越冬。病原菌通过感染地下根冠及其受伤部分，入侵至植物体内并通过维管束感染植物其他部位的细胞。随后，冠瘿、根癌会在植物生长的过程中逐步形成。受病原菌感染的其他部位可一直保持正常，直至该部位出现伤口，如起苗定植、修剪维护、嫁接抹芽以及冷冻损伤等都能助长病菌侵入，尤其冻害往往是葡萄感染根癌病的重要诱因。此外，降雨多、湿度大时，发病率高；土质黏重，地势低洼、排水不良地块及碱性土壤或沙土发病重。病原菌可借雨水、灌溉水以及蛴螬、土壤线虫等传播至其他有伤口的葡萄植株上。一般5月下旬开始发病，6月下旬至8月为发病高峰期，9月以后很少形成新瘤。

● **绿色防控措施：**

**1.农业防治**　利用抗性品种和抗性砧木，可选用对根癌病抗性较好的野生葡萄砧木与欧洲葡萄嫁接；选择无病园地做葡萄苗圃，土壤选用排水良好的沙质土，栽种无病繁殖材料，种植前进行苗木、土壤消毒，不得从病区引苗；清理园中遗留的植物组织，及时进行农作工具清洁、消毒。伤口是根癌菌传播的重要途径，因此，田间操作时应避免对葡萄根茎部产生损害，同时应控制地下害虫和土壤线虫，并在冬季保持温暖以避免冻伤；发现重病植株应及早挖除并彻底剔除残根，带出园外销毁；根癌病在中性或微碱性土壤容易发生，应增施有机肥，适当多施微酸性肥料，提高土壤酸度，改善土壤结构，增强抗性；勤松土，注意雨后排水，以降低土壤湿度。

**2.物理防治**　使用热处理法处理休眠期的葡萄茎，此时的插条耐热性较强，先用50℃热水处理20min，然后用54℃热水处理30min，可以降低或消灭大部分病原菌且不影响葡萄的生长发育。

**3.药剂防治**　发现病株时，应扒开根周围土壤，将肿瘤彻底切除，直至露出无病的木质部，并涂抹硫酸铜100倍液消毒后再涂波尔多液，刮除的病残组织应集中销毁。

葡萄根癌病

## 葡萄日灼病

● **分布：** 葡萄日灼病是生产中一种严重的生理病害，在我国多个葡萄产区常年发生。

● **症状：**该病害主要发生在果穗肩部和向阳面，日灼会使外果皮蜡的晶体结构降解为无定形团块，从而导致更高的水渗透性和脱水性；果皮中叶绿体发生降解，细胞区室化功能破坏，多酚发生氧化导致果皮褐变。卷须、新梢尚未木质化的顶端幼嫩部位也可遭受日灼伤害，致使梢尖或嫩叶萎蔫变褐。发生日灼病的果粒通常表现为果面颜色变白、变褐，向阳面会出现豆粒大小、浅褐色的病斑，之后斑块发皱形成凹陷，变成干疤。随着果实膨大，被灼伤的果实常常裂开，当遭遇极端条件时，果实会完全干燥，甚至被晒成葡萄干状。发生日灼的果实无论风味、色泽还是外观品质等指标都会大打折扣，严重影响其商品价值。

● **发病规律：**日灼病分为日烧型、气灼型以及混合型3种类型，日烧型是在果面温度过高的基础上协同强烈光线的照射导致病症发生；气灼型是由于气温突然升高，热空气熏蒸引起果面焦缩、失水；混合型则是日烧型和气灼型共同作用的结果。日灼病是由于强光高温及紫外线辐射造成的灼伤，未被叶片遮盖的果穗或果粒的向阳面更容易发生日灼病，温度达到36℃的时间持续4 ~ 5h，或温度达到39℃超过1.5h就会发生，不传染。树势弱、叶量较少的植株发病较重，此外，西南方向果穗发病相对较重。棚架式栽培较篱架式栽培发病轻。上海地区如遇连续阴雨后突然转晴，果穗受阳光直射易发病。

● **绿色防控措施：**

**农业防治** 适当密植，采用棚架式，使果穗处在阴凉中，尤其西南部位果穗注意应当留有适当叶片遮挡；秋后适度深耕，扩大根群，增强其吸水能力；防止水涝或施肥过量发生烧根现象；在高温发病期适量灌水，持续强光下葡萄周边环境温度急剧升高，蒸腾量大时要及时灌水以降低植株体温，避免发生日灼；增施有机肥，提高保水力；疏果后及时套袋，保护果穗。

受到日灼的果粒

## 葡萄生理性裂果

● **分布**：生产中一种常见的生理性病害，在我国多个葡萄产区常年发生。

● **症状**：该病害主要发生在果实近成熟期，果皮和果肉呈纵向开裂，有时露出种子，裂口处易感染霉菌或引起腐烂，失去经济价值。

● **发病规律**：葡萄裂果一般是由于果粒水分吸收不平衡而导致的果皮破裂，果实在长期干旱的条件下突然大量吸水，引起果实含水量急剧增加，使果实皮层细胞体积大幅度增加，果肉增长与果皮增长不同步，果实表皮细胞膨大较快造成果实内外生长失调从而形成裂果。葡萄园灌溉条件差、地势低洼、土壤黏重、排水不良的地区或地块发生严重。此外，果穗过于紧密，互相挤压导致裂果；赤霉素等生长调节剂使用不当引起裂果；缺钙，氮肥施用过多，氮、磷、钾比例失调等，均可引起裂果。

● **绿色防控措施：**

**农业防治**　适时灌水、及时排水，经常疏松土壤，防止土壤板结，使土壤保持一定的水分，避免土壤水分变化过大；果粒紧密的品种适当调节果实着生密度，如花后摘心、适当落果，使树体保持稳定的、适宜的坐果量；果实生长后期如土壤干旱，灌水时要防止大水漫灌；疏粒后套袋子，采收前20d摘袋，促果实增糖上色，可有效防止裂果；增施有机肥，改良土壤结构，避免土壤水分失调。

生理性裂果

## 葡萄缺素症（缺镁、铁、磷）

● **分布：** 葡萄生长发育过程中常常因施肥不合理导致营养供应不均衡，是生产中常见的生理性病害，在我国多个葡萄产区常年发生。

**1.缺镁症**

● **症状：** 葡萄缺镁常于夏季中、后期在老龄叶片上表现出叶脉间黄化、失绿症状，一般叶片中部失绿症状表现比叶缘更严重，临近叶主脉的叶组织保持深绿色，随着症状加重，失绿黄化部分会逐渐变褐坏死。

● **发病规律**：镁缺乏多发生在镁含量低的酸性土壤中、钾元素含量较高的沙壤中和石灰土壤中，大量应用铵态氮肥和钾肥也容易导致缺镁现象发生。当叶柄中钾与镁比例高于5 ∶ 1时，即使土壤中镁供应量充足，葡萄也常表现出缺镁症状。

● **绿色防控措施：**

**农业防治**　葡萄镁缺乏可采用叶面喷肥或土壤施肥方式进行补充矫正。一般叶面喷肥适用于镁缺乏不严重或短期、快速补充矫正的情况，土壤施肥则可实现长期补充矫正。长期镁缺乏的补充矫正宜采用土施镁肥的方法，需根据土壤酸碱度选用镁肥品种。中性及碱性土壤，宜选用速效的生理酸性镁肥，如每667m$^2$施用硫酸镁15 ～ 20kg；酸性土壤，宜选用缓效镁肥，如每667m$^2$施用白云石80 ～ 120kg，或氧化镁2 ～ 4kg。土施镁肥时应尽量施在树盘内距树干30 ～ 45cm处，不宜撒施在整个园区。

缺镁症

### 2.缺铁症

● **症状：** 葡萄缺铁的主要症状是新叶明显褪绿，新梢生长明显减少，最初症状出现在幼叶上，枝梢叶片黄化，叶脉仍保持绿色，呈绿色脉网。新叶生长缓慢，叶片小而薄，呈鲜黄色，叶脉仍保持绿色。严重缺铁时，叶色由黄色变为象牙白色甚至白色，叶脉逐渐黄化，褪绿部位变褐坏死，老叶仍保持绿色。花穗和穗轴黄绿色，坐果率低，果实发育不良，色浅粒小。因铁在植物体内不能从一部分组织移至另一部分组织，所以缺铁症首先在新梢顶端的嫩叶上表现出来。

● **发生规律：** 一般碳酸钙含量较多的土壤中，石灰或钙质过多，铁会转化成不溶性的化合物而使植株不能吸收铁，从而无法进行正常的代谢活动；肥力不足的沙土地、浇水较多或排水不良的果园易发生缺铁现象；春天低温时间过长，地温回升缓慢等均会影响根对铁的吸收。此外，树龄较大、结果量过大的葡萄园发病较重。

● **绿色防控措施：**

**农业防治** 缺铁较轻时建议叶面喷施有机螯合铁，缺铁严重时建议同时叶面喷施和土施铁肥，以及采用土壤管理与养根相结合的方式综合防治。重视土壤管理重施有机肥，果园生草，增加土壤有机碳，改善土壤微生物结构，活化土壤铁养分；改善土壤酸碱性，酸性土壤多施生

缺铁症

理碱性肥料,如石灰;碱性土壤多施生理酸性肥料,慎用磷肥,可以减轻缺铁失绿症发生;控制土壤含水量,合理灌溉,改善土壤透气性,减轻缺铁黄化现象;多雨土壤黏重园区,种植行起垄,行间开沟排水;合理负载,避免负载量过大。

### 3.缺磷症

● **症状:**葡萄缺磷时,根系和新梢生长量减少,叶片小,生长缓慢,叶片呈暗紫色,叶缘向下但不卷曲。缺磷严重时,出现红色小斑点,叶缘出现坏死斑,随着缺磷程度增加,叶片逐渐干枯脱落。副梢生长衰弱,花序柔嫩,花梗细长,落花落果,产量降低,品质变差。

● **发生规律:**一般碱性石灰性土壤或酸性强的新垦红黄壤易发生缺磷症;土壤熟化度低的以及有机质含量低的贫瘠土壤也易缺磷。前期施用磷肥不足,再加上低温会加剧缺磷,原因是低温影响土壤中磷的释放和抑制葡萄根系对磷的吸收,从而使葡萄缺磷。

● **绿色防控措施:**

**农业防治** 叶片喷洒浓度为1%~3%的过磷酸钙浸出液,喷2次左右,或根外喷施浓度为0.2%~0.3%的磷酸二氢钾溶液,通常喷2次,2次喷施间隔7~10d。根外进行弥补,见效快。也可联合浇水,根施磷酸氢二铵。

缺磷症

# 二、葡萄虫害

## 二斑叶螨

- **学名**：*Tetranychus urticae* Koch
- **分类**：蛛形纲，蜱螨目，叶螨科。
- **分布**：在上海市及我国大部分葡萄种植区均有发生，尤以设施、促成栽培葡萄园发生最重。
- **识别特征**：雌成螨体长0.42～0.59mm，椭圆形；颜色有深红色，黄棕色，其中越冬代为橙黄色，体型较夏季的肥大。雄成螨0.26mm，卵圆形，前端近圆形，腹末较尖，多呈鲜红色。卵长0.13mm，球形，光滑透明，初产为乳白色，渐变橙黄色，快孵化时现出红色眼点。前期若螨体长0.21mm，近卵圆形，足4对，色变深，体背出现色斑。后期若螨体长0.36mm，黄褐色，与成虫相似。
- **习性**：寄主范围较广，可危害果树、花卉、蔬菜等多种作物，以幼若螨、成螨在叶背面刺吸为害，被害叶片初期仅在中脉附近出现失绿斑点，严重时可在叶面结网，造成枯萎脱落，影响光合作用。也可为害葡萄果实，影响果穗品质。

上海地区一年发生10代以上，3月日平均温度达到10℃以上时，越冬雌虫开始出蛰活动并产卵。随着温度升高和繁殖数量加大，逐渐从地面杂草向树上扩散。夏季高温季节是二斑叶螨的危害盛期，在6月中上旬进入全年的危害猖獗期，于7月中上旬进入年中高峰期，10月以后雌成螨在树干翘皮、粗皮裂缝、杂草、落叶或土缝中越冬。二斑叶螨猖獗发生期持续的时间较长，一般年份可持续至8月中旬前后。10月后陆续出现滞育个体，但如果此时温度超出25℃，滞育个体仍然可以恢复取食，体色由滞育型的红色再变回黄绿色，进入11月后均滞育越冬。二斑叶螨营两性生殖，受精卵发育为雌虫，不受精卵发育为雄虫。每雌虫可产卵50～110粒，最多可产卵216粒。喜群集于叶背主脉附近并吐丝结网于网下为害，大规模发生或食料不足时常千余头群集于叶端形成一虫团。

● **绿色防控措施：**

**1.农业防治**　越冬代出蛰前清除园内杂草，刮除老皮、翘皮，涂白树干，全园喷施5波美度石硫合剂，降低虫口基数。

**2.生物防治**　二斑叶螨天敌种类很多，如小花蝽、捕食螨、瓢虫和草蛉等，在田间释放可有效控制叶螨危害，同时田间可适当种植紫花苜蓿、三叶草等，为其天敌的生存繁衍创造良好条件。

二斑叶螨成螨、卵

二斑叶螨若螨

二斑叶螨危害果实

## 葡萄缺节瘿螨

- **学名：** *Colomerus vitis* Pagensteche
- **分类：** 蛛形纲，蜱螨目，瘿螨科。
- **分布：** 危害葡萄的世界性害螨，中国主要分布于华东、华北、西北地区及辽宁省等地。
- **识别特征：** 雌成螨体长0.1～0.3mm，宽约0.05mm，体白色或浅灰色，圆锥形似胡萝卜，蛆形，淡黄色或浅灰色，生有70～80条环纹；近头部有2对软足，爪呈羽状，具放射枝5条；背毛指向前方或稍倾斜，侧毛约在第9腹环上，腹部细长，腹毛3对，副毛消失；雌性外生殖器突出，位于第2对足基节后方；尾部两侧各生1根细长的刚毛。雄成螨体形与雌螨相似，体略小。卵椭圆形或圆形，浅（淡）黄色，长约0.03mm。
- **习性：** 一年发生3代。以成螨在葡萄芽鳞、被害叶片或枝蔓的皮缝间越冬，主要越冬部位是芽鳞处，其次是叶片基部和枝条皮缝下。葡萄缺节瘿螨发育起点温度约为12℃，一般翌年春天随葡萄芽萌动，缺节瘿螨也开始活动，逐步由芽内转移至幼嫩叶背茸毛下吸食汁液，刺激叶片使茸毛增多。叶片受瘿螨刺激后，葡萄上表皮组织肥大变形，叶面茸毛呈毛毡状，对瘿螨具有保护作用。若螨和成螨多为害幼嫩叶片，严重时，嫩梢、卷须、果穗均会受害。葡萄缺节瘿螨以5—7月和9月危害最重。夏季高温多雨，对其发育不利，进入10月中旬开始越冬。不同品种对葡萄缺节瘿螨的敏感性不同，里扎马特、无核白等品种抗性较差。

● **绿色防控措施：**

**1.苗木消毒** 建园时选用无螨苗木，调运苗木时，可先将苗木放入30 ～ 40℃温水中浸3 ～ 5min，然后再移入50℃温水中浸5 ～ 7min；或在3 ～ 5波美度石硫合剂中浸2min，杀灭潜伏于芽内的瘿螨。

**2.农业防治** 冬季修剪时，彻底清洁葡萄园，将枯枝、落叶等进行深埋沤肥，或收集起来销毁；春季出芽前全园喷施1次5波美度的石硫合剂。展叶后若发现有被害叶片，应立即摘除销毁，防止种群扩散。

**3.保护利用天敌** 葡萄缺节瘿螨常见天敌有草蛉、瓢虫、智利小植绥螨和小花蝽等。建立天敌保护带，避免天敌发生高峰期使用杀虫剂，发生严重的果园可酌情释放捕食螨、瓢虫等天敌产品，维持天敌的田间种群数量。

葡萄缺节瘿螨危害叶片形成毛毡

## 温室白粉虱

- **学名**：*Trialeurodes vaporariorum* Westwood
- **分类**：半翅目，粉虱科。
- **分布**：在华东、东北、华中及华北等地区广泛分布，尤以促成栽培葡萄发生最重。
- **识别特征**：成虫体长1.0～1.5mm，淡黄色，体和翅覆盖白色蜡粉，停息时双翅在体上合拢覆盖在腹部，较平坦，略呈屋脊状，翅端半圆状遮住整个腹部，两翅间无缝隙。卵长0.20～0.24mm，侧面观长椭圆形，基部有卵柄，柄长0.02mm，从叶背的气孔插入植物组织中，初产淡绿色，覆有蜡粉，而后渐变褐色，孵化前呈黑褐色。一龄若虫体长约0.29mm，长椭圆形；二龄若虫体长约0.37mm；三龄若虫体长约0.51mm，淡绿色或黄绿色，足和触角退化，紧贴在叶片上营固着生活。伪蛹体长0.7～0.8mm，宽0.48mm，椭圆形，初期体扁平，中央略高，黄褐色，体背有长短不齐的蜡丝，体侧有刺。
- **习性**：成虫、若虫以刺吸口器为害叶片，使被害叶片褪绿、变黄、萎蔫，重者还会引发霉菌、煤污病，甚至全株枯死。一年发生10余代，有明显世代重叠现象。以成虫或若虫形态群集在叶背吸食汁液，成虫喜群集于上部幼嫩叶背产卵。随着植株生长，成虫向上部叶片转移。葡萄被害后，叶片褪绿变白，严重时枯萎；植株衰弱；枝条、果穗成熟受到影响。温室白粉虱以成虫在枯枝落叶上越冬，成虫对黄色有一定趋性。
- **绿色防控措施**：

**1.农业防治** 早春清扫温室内的枯枝落叶，集中销毁，彻底消灭越冬虫源；生长季摘除枯老的葡萄叶并及时处理，清除杂草残株，在温室通风口设置防虫网杜绝外来虫源。

**2.物理防治** 可利用黄板诱杀成虫，每667m²悬挂20块可降解黄板，黄板设置高度约120cm，当白粉虱粘满黄板时，需要及时更换。

**3.生物防治** 发生严重的葡萄园可释放天敌丽蚜小蜂进行防治。按丽蚜小蜂与白粉虱成虫2：1的比例，每2周释放1次丽蚜小蜂寄生蛹，均匀地施放在葡萄株间。

黄板诱杀

## 康氏粉蚧

- **学名：** *Pseudococcus comstocki* Kuwana
- **分类：** 半翅目，粉蚧科。
- **分布：** 上海及吉林、辽宁、河北、北京、山东、河南、山西等地。

● **识别特征：**雌成虫长5mm，宽3mm左右，椭圆形，淡粉红色，被较厚的白色蜡粉，体缘具17对白色蜡刺，触角丝状7～8节，末节最长，眼半球形，足细长。雄成虫体长1.1mm，翅展2mm左右，紫褐色；前翅发达透明，后翅退化为平衡棒。卵椭圆形，浅橙黄色，卵囊白色絮状。若虫椭圆形，扁平，淡黄色。蛹淡紫色，长1.2mm。

● **习性：**一年发生3代，以卵在各种缝隙及土石缝处越冬，少数以若虫和受精雌成虫越冬。寄主萌动发芽时开始活动，卵开始孵化分散为害，第一代若虫盛发期为5月中下旬，6月上旬至7月上旬陆续羽化，交配产卵。第二代若虫6月下旬至7月下旬孵化，盛期为7月中下旬，8月上旬至9月上旬羽化，交配产卵。第三代若虫8月中旬开始孵化，8月下旬至9月上旬进入盛期，9月下旬开始羽化，交配产卵越冬；早产的卵可孵化，以若虫越冬；羽化迟者交配后不产卵即越冬。成虫、若虫刺吸嫩芽、嫩枝和果实为害，被害处出现褐色圆点，其上附着白色蜡粉。斑点木栓化，组织停止生长，嫩枝受害后，枝皮肿胀开裂，严重者枯死。

● **绿色防控措施：**

**1.农业防治** 结合冬季修剪清园，刮除老树皮、翘皮，清除受害严重的枝条，清理旧纸袋、病虫果、残叶，降低园内的越冬虫口基数；9月可在树干上捆绑草束或诱虫带诱集成虫产卵，入冬后至发芽前取下集中销毁；用硬毛刷刮除越冬成虫，集中销毁。

**2.药剂防治** 春季葡萄萌芽前，可喷施5波美度石硫合剂进行清园。卵孵化盛期可选用25％噻虫嗪水分散粒剂4 000～5 000倍液，均匀喷雾防治，一季作物最多施用2次。

康氏粉蚧

# 东方盔蚧

- **学名**：*Parthenolecanium corni* Bouche
- **分类**：半翅目，蜡蚧科。
- **分布**：东北、华北、西北、华东和华南等地均有发生。
- **识别特征**：雌成虫体扁椭圆形，黄褐色或褐色，体长 3.5 ~ 6mm，体背中央有4列纵排断续的凹陷，形成5条隆脊。体背边缘有横列的皱褶，排列较规则，腹部末端具臀裂缝。雄成虫体长1.2 ~ 1.5mm，头红黑色，翅土黄色，腹部末端有2条较长的白色蜡丝。卵长椭圆形，淡黄白色，长0.5 ~ 0.6mm，近孵化时呈粉红色，卵上微覆蜡质白粉。若虫体扁平、椭圆形，幼龄若虫粉白色，将近越冬的若虫褐色，眼黑色，体外有一层极薄的蜡层。触角、足有活动能力。越冬中的若虫，外形与上同，但失去活动能力；口针长达肛门附近，虫体周缘的锥形刺毛增至108条。越冬后若虫沿纵轴隆起颇高，呈现黄褐色，侧缘漆灰黑色，眼点黑色。体背周缘开始呈现皱褶，体背周缘内重新生出放射状排列的长蜡腺，分泌出大量白色蜡粉。

● **习性：**每年发生2代，以二龄若虫在枝蔓的裂缝、叶痕处或枝条的背阴面越冬。翌年3月葡萄出土后，若虫开始爬至一至二年生枝条或叶上为害。5月雌成虫开始在介壳下产卵，产卵量700～3 000粒。卵期20～30 d，6月上旬孵化成若虫，一只雌介壳虫下的卵粒孵化期为7～14 d。初孵化若虫爬至叶片背面为害，然后转移至当年生枝蔓或叶柄上，7月中下旬陆续羽化为成虫并产卵，8月中上旬孵化出若虫，在叶背面为害，10月后随着天气渐凉转移至枝上树皮裂缝、翘皮等处越冬。该虫主要靠孤雌生殖进行繁殖，很难发现雄虫。

● **绿色防控措施：**

**1.农业防治**　葡萄萌芽前人工刮除老树皮，露出介壳虫体，可在树下铺纸及时刮掉虫体，集中销毁，消灭越冬的介壳虫；生长期若个别植株发生时，可在雌虫产卵前人工刮除虫体。

**2.保护利用天敌**　该虫常见的天敌有大红瓢虫、澳洲瓢虫、小蜂和姬蜂等。通过保护和利用这些天敌，充分发挥它们对东方盔蚧的控制作用。

**3.药剂防治**　春季葡萄萌芽前，可喷施5波美度石硫合剂进行清园。卵孵化盛期可选用25 %噻虫嗪水分散粒剂4 000～5 000倍液，均匀喷雾防治。

东方盔蚧危害葡萄

## 斑衣蜡蝉

● **学名**：*Lycorma delicatula* White

● **分类**：半翅目，蜡蝉科。

● **分布**：一种危害多种林木和果树的重要刺吸性害虫，国内华北、华中、华东、华南、西南和西北的陕西、甘肃、宁夏，以及台湾等地均有分布。

● **识别特征**：卵聚产，单层平行排列成行，呈不规则块状，表面覆盖1层灰色似泥土的蜡质分泌物。初产卵块呈白色，临近孵化变为土灰色，平均每卵块约32粒卵。单粒卵状似麦粒，卵背面两侧有凹入线，中部呈纵脊隆起。若虫共4龄，最明显特征是头尖、体扁、足长、弹跳敏捷。各龄若虫体壁覆有蜡质，四龄若虫体长12.6～13.4mm，体背呈红色，体表有黑色斑纹和白色斑点，体两侧翅芽明显。

雄成虫较雌成虫体略小，雄虫体长13～17mm，翅展40～45mm；雌虫体长17～22mm，翅展50～52mm。虫体全身灰褐色（暗灰色），体、翅表面覆有白色蜡粉。头部小，头顶向上翘起呈短突角状；触角红色，刚毛状。前翅长卵形，革质，基部约2/3为淡灰褐色，上散生20余个黑色斑点，端部约1/3为深灰褐色，脉纹色淡呈灰白色；后翅膜质，基部约1/3红色，上散布6～10个黑褐色斑点。

● **习性**：上海地区一年发生1代，主要以成虫、若虫群集在葡萄的枝干、叶柄、叶背及嫩梢（茎）刺吸汁液为害，栖息时头翘起，有时可见数10头群集在枝条上排列成1条直线。取食时，以口针刺入叶脉或嫩茎等组织深处吸取汁液。成虫、若虫吸食汁液后会排出透明的蜜露，易诱发煤污病，影响植株光合作用和树体的生长发育，导致枝条成熟度降低，花芽分化减弱，削弱植株长势，果品产量和品质下降。此外，该虫还可传播葡萄病毒病。若秋季高温、干旱、少雨，则翌年易暴发成灾，暖冬及开春早有利于该虫滋生、繁殖。

● **绿色防控措施：**

**1.农业防治** 葡萄园附近避免种植臭椿、苦楝和花椒等寄主植物；从秋季产卵开始，至翌年4月中旬孵化前，结合冬春修剪和葡萄园管理，刮除树干上的卵块，剪除有卵块的枝条，集中销毁或深埋；葡萄架水泥柱上的卵块可用棍棒等压碎。

**2.人工捕杀** 4月底至5月初，若虫孵化期在葡萄园防护林的下部树干45～50cm处布置粘虫带，阻杀成虫、若虫；成虫、若虫发生期，尤其成虫产卵期行动迟缓，用捕虫网或拍子进行人工捕杀，可有效降低越冬卵基数。

**3.生物防治** 保护和利用斑衣蜡蝉的自然天敌，同时人工繁育优势天敌以控制其危害。斑衣蜡蝉常见寄生性天敌有斑衣蜡蝉平腹小蜂和布氏螯蜂等。

斑衣蜡蝉若虫

斑衣蜡蝉若虫群集危害茎部　　　斑衣蜡蝉成虫（韩阳阳提供）

## 葡萄根瘤蚜

● **学名：** *Daktulosphaira vitifoliae* Fitch

● **分类：** 半翅目，根瘤蚜科。

● **分布：** 世界范围内危害葡萄的主要害虫之一，也是国际上重要的检疫性有害生物。该虫原产于美国，目前几乎已经蔓延至世界上所有主要的葡萄栽培区，包括北美洲、南美洲、亚洲、欧洲、非洲和澳大利亚等地。在我国，该虫1892年首次在山东烟台被发现，之后2005年6月上海嘉定马陆镇葡萄园再次发现葡萄根瘤蚜。

● **识别特征：** 有根瘤型、叶瘿型、有翅型及有性型4种，体均小而软，触角3节，腹管退化。

（1）根瘤型。成虫体长1.2 ~ 1.5mm，卵圆形，黄色或黄褐色，头部颜色较深，足和触角黑褐色，体背面各节有许多黑色瘤状突起，各突起上生 1 ～ 2 根刺毛。卵长 0.3mm，宽 0.16mm，长椭圆形，初为淡黄色，略有光泽，后渐变为暗黄色。若蚜共 4 龄，初孵为淡黄色，二至四龄若蚜颜色逐渐加深，至成蚜变成黄褐色、褐色。复眼由 3 只单眼组成。

（2）叶瘿型。成虫近圆形，黄色，体背有微细的凹凸皱纹，无黑色瘤状突起，全体生有短刺毛，腹部末端有长刺毛数根。卵长椭圆形，淡黄色，较根瘤型卵色浅而明亮，卵壳较薄。若蚜初孵时与根瘤型极相似，仅体色较浅。

（3）有翅型。成虫长椭圆形，前宽后狭，长约 0.9mm。初羽化时淡黄色，继而呈橙黄色。中、后胸红褐色，触角及足黑褐色，翅灰白色透明，上有半圆形小点，前翅前缘有翅痣，后翅前缘有钩状翅针，静止时翅平叠于体背。若蚜初孵同根瘤型，二龄若蚜体较狭长，体背黑色瘤状突起明显，触角较粗。三龄若蚜体侧有黑褐色翅芽，身体中部稍凹入。而腹部膨大，若虫成熟时，胸部呈淡黄色半透明状。

（4）有性型。由有翅型产下的卵孵化而成，小卵孵化成雄蚜、大卵孵化成雌蚜，身体长圆形，黄褐色无翅，较小，雌雄蚜交尾后，产 1 粒冬卵。冬卵深绿色，长 0.27mm，宽 0.11mm，其他似有翅型。

● **习性：** 葡萄根瘤蚜以孤雌生殖为主，营全周期生活史，叶瘿型以叶或根部取食。叶瘿型孤雌生殖 3 ～ 4 代后，部分无翅型转移至根部取食，以无翅根瘤型继续进行孤雌生殖。有翅型性母在羽化前爬出地面，羽化后不取食而直接产下有性卵，卵发育至无翅型成虫后交配并产下越冬卵。此外，也有根瘤型蚜虫会产生无翅性母在根部产下有性卵，且以一龄若虫越冬。葡萄根瘤蚜生存和形成虫瘿的最适温度为 22 ～ 26℃，环境湿润时卵孵化率超过 90%。根瘤蚜繁殖迅速，30d 内就可完成 1 代，葡萄园内每年可发生 3 ～ 10 代。上海地区有翅蚜一般在 7—8 月出现，葡萄根瘤蚜种群数量分别在7月和10月达到高峰，种群动态变化除与物候有关外，还可能因降水导致根系腐烂使根瘤蚜无法生存。

葡萄根瘤蚜在上海地区仅见根瘤型，以幼虫、成虫刺吸为害葡萄根部，尤其喜食须根。须根被害后肿胀，形成米粒状或鸟头状根瘤，多在凹陷的一侧。侧根和大根被害后形成关节形的肿瘤，蚜虫多在肿瘤缝隙处。根部养分被刺吸且受害伤口引起病菌侵入产生危害，肿瘤不久变色腐烂、死亡，严重破坏根系吸收、输送水分和养分的功能，从而造成树势衰弱，并影响其开花结果、产量质量下降，严重时可造成植株死亡。在防治不到位的葡萄园，虫量逐年增加，遇干旱少雨季节且灌溉不及时，减产30%以上，甚至造成全园树体死亡。葡萄根瘤蚜自然扩散能力弱，其远距离传播主要通过从发生区调运带虫、卵的葡萄苗木、插条和砧木等，或者通过带虫土壤、包装物及葡萄树等；近距离传播主要通过追肥、灌溉水和雨水等。

● **绿色防控措施：**

**1.植物检疫** 对于区域和国家范围内的检疫，植物材料必须经过无虫害认证或在运输前利用热水或化学熏蒸进行杀虫处理，若发现带虫苗木应立即与当地检疫部门联系。葡萄繁殖材料先放入30～40℃热水中浸5～7min，再移入50～52℃热水中浸7min，可以灭杀各个虫态的葡萄根瘤蚜。

**2.选用抗性品种** 上海地区主栽的巨峰、藤稔、美人指等品种抗蚜性较差。往年发生较重的葡萄园翻新时可采用高抗葡萄根瘤蚜的砧木，以降低其发生风险。

**3.农业防治** 该害虫在沙壤土中发生极轻，土壤黏重园区应改良土壤质地，提高土壤中沙质含量。发生植株很难恢复，零星发生时应及时主动砍伐，降低损失。

葡萄根瘤蚜成虫和卵

葡萄根瘤蚜危害的
葡萄根

## 葡萄二星斑叶蝉

- **学名：** *Erythroneura apicalis* Nawa
- **分类：** 半翅目，叶蝉科。
- **分布：** 主要危害葡萄、苹果、梨、桃、樱桃及山楂等果树，在全国各地葡萄产区均有发生。
- **识别特征：** 该虫俗称"浮尘子"，成虫体长3mm左右，全身淡黄白色，散生淡褐色斑纹。头前伸，呈钝三角形，头上有2个黑色圆斑。小盾板上有2个大型黑色斑。前翅为淡黄白色，翅面有不规则形状的淡褐色斑纹。卵长椭圆形，微弯曲。初产时乳白色，渐变橙黄色。若虫分红褐色和黄白色2型。红褐色型，体红褐色，尾部有上举的习性；黄白色型，体浅黄色，尾部不上举。老熟若虫黄白色，长约2mm，生有黑色翅芽。若虫期共5龄，经13～15d后羽化为成虫。初孵若虫0.5mm，体色呈乳白色，活动缓慢；二至三龄若虫为黄白色，爬行加快；四龄若虫体呈菱形，约2mm，开始变得较活跃；若虫通常在叶脉两侧刺吸汁液，随龄期增加活动能力也增强。

● **习性：** 上海地区一年发生3代，以成虫在果园杂草丛、落叶下、土缝及石缝等处越冬。翌年葡萄发芽前，出蛰后的越冬成虫先为害梨、桃和樱桃等果树叶片，待葡萄展叶后再转至葡萄上为害。成虫产卵于叶片背面的叶脉中或茸毛内，5月中旬发生第一代若虫，6月中上旬发生第一代成虫。第三代成虫主要于9—10月发生，10月中下旬陆续越冬。在葡萄上，以成虫、若虫群集于叶片背面刺吸汁液，被害叶片表面最初表现出苍白色小斑，严重受害后白斑连片，致使叶表面全部苍白并提早落叶，而且影响枝条生长、花芽分化和果实成熟。成虫、若虫边取食边排泄蜜露，因此也会污染果实的色泽而降低其品质。

● **绿色防控措施：**

**1.农业防治** 采收后及时清除落叶、杂草，翻地消灭越冬虫源；生长季加强栽培管理，及时摘心、整枝、处理副梢并中耕锄草，保持良好的通风透光条件。

**2.物理防治** 设置可降解黄板诱杀成虫，悬挂在葡萄架面下10cm处，每667m²挂20块黄板为宜。

**3.保护利用天敌** 保护天敌寄生蜂，葡萄园药剂防治应集中在前期进行，并尽量减少广谱性杀虫剂的使用。

葡萄二星斑叶蝉群集叶背为害

受害叶片

## 绿盲蝽

- **学名：** *Lygus lrcorum* Meyer-Dür。
- **分类：** 半翅目，盲蝽科。
- **分布：** 该虫又名绿丽盲蝽、绿草盲蝽，上海及全国大部分地区均有分布。主要寄主有葡萄、桃、樱桃、海棠、猕猴桃、梨及蜡梅等果树和园林树种。

● **识别特征：** 成虫体长4～6mm，宽2～2.2mm，绿色，密被短毛；头部三角形，黄绿色；复眼黑色突出，无单眼；触角共4节，丝状，较短，约为体长的2/3，第2节长度等于第3节、第4节之和，向端部颜色渐深，第1节黄绿色，第4节黑褐色；前胸背板深绿色，布许多小黑点，前缘宽；小盾片三角形微突，黄绿色，中央具1条浅纵纹；前翅膜片半透明暗灰色，余绿色；足黄绿色，胫节末端、跗节色较深，后足腿节末端具褐色环斑，雌虫后足腿节较雄虫短，不超腹部末端，跗节3节，末端黑色。卵长约1mm，黄绿色，长口袋形。若虫共5龄，与成虫相似，初孵时绿色，复眼桃红色；二龄若虫黄褐色，三龄若虫出现翅芽，四龄若虫翅芽超过第1腹节，二、三、四龄若虫触角端和足端黑褐色，五龄若虫全体鲜绿色，密被黑细毛；触角淡黄色，端部色渐深；眼灰色。

● **习性：** 江浙地区一年发生3～7代。以卵在葡萄茎蔓皮缝、芽鳞内及周边杂草上越冬。翌年3月中旬、平均气温达到15℃以上时第一代若虫开始孵化，4月中旬为孵化盛期，5月中上旬成虫羽化，成虫寿命最长可达50d。成虫在寄主嫩茎皮层组织内产卵，产卵期30～40d，世代重叠。10月中下旬产卵越冬。成虫飞行能力强，食性杂，在田间常在葡萄和杂草或其他果树之间转移为害。绿盲蝽属于喜湿性害虫，雨水偏多年份危害加重。

　　绿盲蝽主要以刺吸式口器吸食葡萄嫩芽、叶片、花器、幼果和新梢表皮细胞的汁液。新梢嫩芽被刺吸后，形成红褐色针头大小的坏死点，导致不能正常发芽展叶。新叶片被害后，最初出现细小黑褐色坏死斑点，随着被害叶片的生长，形成无数孔洞，叶缘开裂，严重时叶片残缺破碎、畸形皱缩。幼花穗被害后，花蕾即停止发育并萎缩脱落。幼果受害后，果面初期呈现不规则的黑色斑点，随着果实膨大，黑色斑点变为褐色和黑褐色，形成不规则的疮痂，抑制果继续膨大。

**● 绿色防控措施：**

**1.农业防治** 中耕除草，生草栽培葡萄注意及时进行刈割，同时避免周边种植蔬菜。多雨季节注意清沟排水，以降低园内湿度；冬春季树干涂白，坐果后及时套袋，防止危害果实。发生严重的葡萄园可利用绿豆等植物对绿盲蝽的诱集作用，合理间作，诱集后集中销毁处理。

**2.性诱防治** 4月初每667m$^2$可悬挂3～5套绿盲蝽性诱剂，诱杀其成虫。

**3.生物防治** 绿盲蝽天敌有蜘蛛、草蛉、小花蝽、瓢虫、缨小蜂及黑卵蜂等。保护并利用其天敌，化学防治时尽量选择对天敌毒性较小的杀虫剂。

**4.药剂防治** 早春萌芽前（绒球期），全园喷施5波美度石硫合剂清园消毒，以降低越冬卵基数和虫卵孵化率。生长季节萌芽展叶期，对第一代若虫进行重点化学防治，压低全年虫害基数，可每667m$^2$选用22%氟啶虫胺腈悬浮剂1 000～1 500倍液，或1%苦皮藤素水乳剂30～40mL，均匀喷雾防治，视虫情可交替防治2～3次。喷药要求细致、均匀，对树干、地上杂草及行间作物全面喷药，施药时间应选择早晚时段为宜。

绿盲蝽危害的叶片

诱杀绿盲蝽成虫

绿盲蝽成虫

# 葡萄透翅蛾

- **学名：** *Sciapteron regale* Bulter
- **分类：** 鳞翅目，透翅蛾科。
- **分布：** 广泛分布在我国各大葡萄产区。
- **识别特征：** 成虫体长18～20mm。触角根棒状红褐色，复眼黑褐色，前面有银白色鳞片区。身体黑色，有金属光泽，颈背面和前胸腹部两侧显橙黄色，前翅红色，前缘和外缘以及翅脉均显黑褐色，外缘上面有黑褐色缘毛，后翅膜质呈透明状。卵椭圆形，略扁平，表面有蜡，初产为红褐色，临近孵化时变为黑褐色。老熟幼虫体长约38mm。体呈圆筒形，疏生细毛，初龄时胴部淡黄色，老熟时紫红色，前胸背板上有倒"八"字形纹。头部红褐色，口器黑色。有3对胸足，淡褐色，爪黑色，有腹足5对。
- **习性：** 上海地区一年发生1代，以老熟幼虫在枝蔓蛀道内越冬，翌年5月幼虫向枝外咬1个圆形的羽化孔，以薄膜封闭。卵期约10d，蛹期5～12d。成虫羽化多集中在上午8～12时，交尾集中在13～15时。主要以初孵幼虫从叶柄基部蛀入一至二年生葡萄枝蔓，其中新梢受害最重。幼虫自梢向下蛀食，随着龄期增长，转移至较粗大的枝蔓上为害，新梢被害处节间膨大，有灰褐色湿润虫粪排泄于近圆形蛀孔外，枝蔓易折断，其上部叶片变黄枯萎，以后新梢上的果穗萎蔫，果皮失水皱缩，果实脱落。发生严重者大部分枝蔓干枯，甚至全株死亡。

● **绿色防控措施：**

**1.农业防治**　冬季修剪时将被害老蔓及有膨大特征的一年生虫枝剪去，集中销毁。5月中上旬及花后绑扎新梢时去除萎缩新梢。

**2.人工捕杀**　根据幼虫钻蛀为害的习性，在被害枝蔓上找到幼虫排粪孔，大概判断出幼虫在坑道所处的位置，然后将排粪孔上方枝蔓的1节剖开，使用铁丝钩杀幼虫。

**3.性诱成虫**　成虫羽化前每667m$^2$设置2～3套性诱捕器，诱杀其雄蛾，降低田间虫量。

葡萄透翅蛾成虫

性诱成虫

## 葡萄天蛾

● **学名：**  *Ampelophaga rubiginosa* Bremer et Grey
● **分类：**  鳞翅目，天蛾科。
● **分布：**  在我国北方、南方各葡萄产区均有发生。

● **识别特征：** 成虫体长31～45mm，翅展72～100mm。体肥大，呈纺锤形。体翅茶褐色，胸腹部背面有1条灰白色纵线，腹面呈红褐色。前翅有4～5条茶褐色横线，内外横线较宽。后翅黑褐色，外缘及后角各有1条茶褐色横带。前后翅反面红褐色，各横带呈黄褐色。卵球形，直径1.5mm左右，表面光滑，淡绿色，孵化前淡黄绿色。老熟幼虫体长70～80mm，绿色，背面较淡，腹部各节有浅黄色斜纹和黄色颗粒状小点。第8腹节背面中央有一锥状尾角，向下方略弯，末端红褐色。蛹体长45～55mm，灰褐色。

● **习性：** 上海地区一年发生2代，以蛹在土壤中越冬，翌年5—6月成虫陆续羽化，成虫昼伏夜出，有较强趋光性，卵多散产在叶背和嫩梢上。每头雌蛾产卵400～500粒，成虫寿命7～10d，卵期约7d。幼虫夜晚取食叶片，造成缺刻与孔洞，高龄幼虫危害严重时仅残留叶柄，影响叶片光合作用。9月下旬第二代老熟幼虫开始入土化蛹越冬。

● **绿色防控措施：**

**1.农业防治**　冬季、早春深翻土壤，灭杀越冬蛹，降低其越冬基数；化蛹期结合除草、施肥，杀灭土壤中虫蛹。

**2.人工捕杀**　生长季节发现幼虫时人工捕捉；结合夏季修剪等管理工作，寻找地面虫粪等捕捉幼虫。幼虫受惊易掉落，7—8月巡查果园，发现虫株轻摇树干，振落低龄幼虫进行捕杀。

**3.灯光诱杀**　根据成虫趋光性，设置频振式杀虫灯进行诱杀。

**4.生物防治**　保护利用小茧蜂、鸟类和螳螂等天敌。发生严重的葡萄园可在成虫产卵期酌情释放赤眼蜂、小茧蜂进行防治。

葡萄天蛾成虫（韩阳阳提供）

雀纹天蛾

● **学名**：*Theretra japonica* Orwa

● **分类**：鳞翅目，天蛾科。

● **分布**：广泛分布于国内葡萄产区，是我国较常见的天蛾科昆虫之一。

● **识别特征**：成虫体长27～38mm，翅展68～72mm。体背棕褐色，触角背面灰色，腹面棕黄色。头、胸两侧有白色鳞片，肩片内缘有2条橙黄色纵纹，胸背中部有淡色纵带，两侧有橙黄色纵带。前翅灰黄色，后缘近基部白色，由顶角向右缘方向伸有6条暗褐色斜条纹，中室端有1小黑点，外缘色较淡。后翅黑褐色，有黄褐色亚端带，后角附近有橙灰色三角斑，外缘灰褐色。腹部背线棕褐色，两侧有数条不甚明显的暗褐色条纹，两侧橙黄色，腹面粉褐色。卵椭圆形，长约1.1mm，淡绿色。老熟幼虫体长75～80mm，青绿色或褐色，第1腹节、第2腹节背面各有黄色眼斑1对。蛹长36～38mm，茶褐色，被细刻点。第1腹节、第2腹节背面和第4腹节以下的节间黑褐色；臀刺较尖，黑褐色，气门黑褐色。

● **习性：** 上海地区一年发生1代，以蛹形态在土中越冬。翌年6—7月羽化为成虫，成虫有较强趋光性，昼伏夜出，喜食花蜜。卵产于葡萄叶背面，幼虫孵化后在叶背面取食为害，被害叶片呈缺刻状，7—8月为幼虫危害高峰期，老熟幼虫潜入土壤中化蛹。

● **绿色防控措施：** 同葡萄天蛾。

雀纹天蛾成虫

雀纹天蛾幼虫（韩阳阳提供）

## 葡萄虎天牛

● **学名：** *Xylotrechus pyrrhoderus* Bates
● **分类：** 鞘翅目，天牛科。
● **分布：** 上海、山东、山西、陕西、湖北、江苏、浙江、福建、广西、贵州及四川等地。
● **识别特征：** 成虫体长8～15mm，宽3～4.5mm。体大部分黑色。前胸及后胸腹板和小盾片赤褐色，前胸背呈长球形，鞘翅黑色，基部有X形黄色斑纹，近末端有一黄色横纹，翅端平直，外缘角极尖锐，呈刺状。幼虫淡黄褐色，前胸背板宽大，后缘有"山"字形凹纹，无足，胴部第二节至第九节的腹面具有椭圆形隆起。

● **习性：** 上海地区一年发生1代，以幼虫形态在葡萄枝蔓内越冬，翌年4月中下旬开始活动，主要以幼虫蛀食枝蔓为害，由芽部蛀入木质部，有时1条母枝内有2～3只幼虫，被害部位的枝蔓表皮稍隆起变黑，虫粪排于隧道内，表皮无虫粪，故不易被发现，被害处易被风折断。幼虫6月中上旬化蛹，7月中旬至8月下旬陆续羽化，成虫外出交尾，产卵于新梢冬芽旁侧，卵期约5d。成虫亦能咬食葡萄细枝蔓、幼芽及叶片为害。

● **绿色防控措施：**

1.**农业防治** 春季葡萄萌芽后，发现枯萎的被害枝及时剪除并销毁；冬季修剪时，将受害变黑的枝蔓剪除销毁，以降低越冬幼虫基数。

2.**人工捕杀** 幼虫发生期，根据出现的枯萎新梢，在折断处附近用铁丝钩杀；天牛成虫迁飞能力差，在成虫羽化产卵期的早晨，露水未干时可进行人工捕杀。

葡萄虎天牛幼虫

葡萄虎天牛成虫（韩阳阳提供）

白星花金龟

- **学名：** *Protaetia brevitarsis* Lewis
- **分类：** 鞘翅目，金龟总科。
- **分布：** 主要分布在蒙古、日本、朝鲜、俄罗斯等东北亚地区。在我国主要分布在东北、华北和黄淮海等地区。在上海地区危害葡萄生产的金龟子有白星花金龟、多色丽金龟、铜绿金龟和豆蓝金龟等，其中白星花金龟主要取食花和成熟果实，危害最重。
- **识别特征：** 成虫体长18～24mm，宽9～12mm，形状呈椭圆形，背部扁平。体黑紫铜色，带有金属光泽。头部方形，前缘微凹，稍向上翘起。前胸背板梯形，小盾片三角形，前胸背板和鞘翅上散布10条左右不规则的条状白斑纹。卵呈椭圆形，长1.7～2.0mm。幼虫体长24～39mm，头部褐色，胸足3对。蛹为裸蛹，体长20～23mm，初为淡黄色，临近羽化变为黄褐色。
- **习性：** 上海地区一年发生1代，以幼虫形态在土壤中越冬。翌年6—7月成虫羽化，成虫白天活动，常聚集为害葡萄花序和成熟果实，造成落花、落果。此外，经常群集于树干上的伤口处或裂缝处，加快树干腐烂速度。成虫对糖醋液有较强趋性，具有假死性，无趋光性，迁飞能力较强；产卵盛期为6月上旬至7月中旬，卵多产于粪土堆中，幼虫喜食腐殖质，老熟后在土内化蛹。

● **绿色防控措施：**

**1.农业防治**　秋末冬初结合施基肥对果园进行深翻，以消灭大量幼虫（蛴螬）；果园施农家肥时要充分腐熟，以有效减少蛴螬虫源；果园内或果园周围尽量不要种植花生、马铃薯及甘薯等作物，并经常清除果园周围杂草，破坏成虫产卵的生活环境。

白星花金龟成虫（韩阳阳提供）

**2.人工捕杀**　6—7月为成虫发生高峰期，利用成虫群集性和假死性，早晚或阴天低温时，轻摇树干，捕杀落地成虫。

**3.食诱防治**　利用金龟子对糖、醋的趋性，在果园内放置糖醋液诱杀其成虫。糖醋液配比为白糖：乙酸：乙醇：水＝3：1：3：80。

## 铜绿金龟

● **学名：** *Anomala corpulenta* Motschlsky

● **分类：** 昆虫纲，鞘翅目，金龟总科。

● **分布：** 主要分布在黑龙江、吉林、辽宁、内蒙古、河北、山西、山东、宁夏、陕西、新疆、河南、湖北、安徽、江苏、江西、浙江、福建、湖南、广西、贵州及四川等地。

● **识别特征：** 成虫体长19～21mm，宽9～10mm。体背铜绿色，有光泽。前胸背板两侧为黄绿色，鞘翅铜绿色，有3条隆起的纵纹。卵长约40mm，椭圆形，初时乳白色，后为淡黄色。幼虫长约40mm，头黄褐色，体乳白色，身体弯曲呈C形。蛹为裸蛹，椭圆形，淡褐色。

● **习性：** 一年发生1代，以三龄幼虫在土壤内越冬，翌年春季土壤解冻后，越冬幼虫开始上升移动，5月中旬前后继续危害一段时间后，取食农作物和杂草的根部，然后幼虫做土室化蛹，6月初成虫开始出土，危害严重的时间集中在6—7月上旬，7月以后，虫量逐渐减少，危害期40d。成虫多在傍晚18—19时飞出进行交配产卵，20时以后开始为害，直至凌晨3—4时飞离果园重新回到土中潜伏。成虫喜欢栖息在疏松、潮湿的土壤中，潜入深度为7cm左右。成虫有较强的趋光性，20—22时灯诱数量最多。成虫也有较强的假死性。成虫于6月中旬产卵于果树下的土壤中或大豆、花生、甘薯及苜蓿地里，雌虫每次产卵20～30粒，7月间出现新一代幼虫，取食寄主植物的根部，10月中上旬幼虫在土中开始下潜越冬。

● **绿色防控措施：**

1.**农业防治** 秋末冬初结合施基肥对果园进行深翻，以消灭大量幼虫（蛴螬）；果园施农家肥时要充分腐熟，以有效减少蛴螬虫源；果园内或果园周围尽量不要种植大豆、花生、马铃薯及甘薯等作物，并经常清除果园周围杂草，破坏成虫产卵的生活环境。

**2.人工捕杀** 金龟子有假死性，利用早晚气温低、成虫不爱活动的习性，在树下铺一张塑料布，敲击果树枝干振落成虫后，迅速收集并扑杀；中耕发现土中幼虫及时进行捕杀。

**3.物理防治** 根据金龟子的趋光性，可在天气闷热的夜晚设杀虫灯进行诱杀。

**4.食诱防治** 利用金龟子对糖、醋（含果醋）的趋向性，可在果园内放置糖、醋（含果醋）液诱杀其成虫。

铜绿金龟成虫　　　　　　铜绿金龟幼虫（韩阳阳提供）

烟 蓟 马

- **学名：** *Thrips tabaci* Lindeman
- **分类：** 缨翅目，蓟马科。
- **分布：** 该虫为世界性害虫，在我国分布于甘肃、宁夏、陕西、新疆、内蒙古以及东北、华东、华中和西南各省份，尤其在温室栽培葡萄园中发生严重。

● **识别特征：** 成虫体长1.0 ~ 1.3mm，体黄褐色，背面色深。复眼紫红色，单眼3只，呈三角形排列，单眼间鬃靠近三角形连线外缘。触角7节，灰褐色，第2节色较浓。前胸背板两后角各有粗且长的鬃1对。翅狭长，淡黄色，透明，每条翅脉上着生2排脉鬃，前排脉鬃4 ~ 6根，后排脉鬃14 ~ 17根，均匀排列。下腹部第28节背面前沿各有栗色横纹1条。卵长约0.12mm，黄绿色，肾形。若虫形态似成虫，共4龄。一龄若虫体长约0.37mm，白色透明；二龄若虫体长0.9mm，浅黄至深黄色；三龄若虫(前蛹)和四龄若虫(伪蛹)与二龄若虫相似，但不活动，有明显的翅芽。

● **习性：** 华东地区每年发生6 ~ 10代，我国分布的烟蓟马成虫均为雌虫。春季当温室温度达到约15℃时开始孤雌生殖，产卵器呈锯齿状，通过产卵器直接将卵产于葡萄叶片背面表皮组织中；当温室气温约24℃、空气相对湿度在60%以下时，其繁殖能力达到高峰；当气温低于10℃时，烟蓟马停止繁殖。空气干燥、温热有利于烟蓟马繁殖。烟蓟马以成虫、若虫和伪蛹(四龄若虫)越冬，其中成虫和若虫多潜伏在枯枝落叶、杂草或土块缝隙中越冬。初孵若虫不活跃，多在原孵化处及周围群集取食，稍大后分散为害。烟蓟马的成虫活跃，喜飞翔，怕阳光，但对蓝色和白色有很强的趋向性，多在早、晚或阴天取食，主要为害叶片背面。

成虫和若虫以锉吸式口器直接为害葡萄幼嫩叶片、幼果和新梢生长点，造成其叶片变小、卷曲或畸形，出现褪绿的黄斑，有时还出现穿孔，严重时可导致叶片干枯脱落。烟蓟马危害的新梢往往生长缓慢；通常情况下营养新梢受害严重，结果新梢受害较轻，且新梢生长越旺盛，受害越严重。烟蓟马在幼果期危害后会造成受害部位失水干缩，形成小黑斑，严重时可引起裂果。此外，烟蓟马还能传播病毒病，进一步危害葡萄生产。

● **绿色防控措施：**

**1.农业防治**　入冬前清除温室内的杂草及落叶，冬前修剪后应及时清园并冬灌，淹死土壤中越冬的若虫及蛹；果园周边避免种植葱、萝卜及白菜等寄主。

**2.生物防治**　烟蓟马常见天敌有横纹蓟马、微小花蝽、华姬猎蝽、草间小黑蛛、中华草蛉和四条小食蚜蝇等，保护并利用其自然天敌，避免天敌发生高峰期用药。

**3.色板诱杀**　烟蓟马暴发期每667m²悬挂20～30块蓝色诱虫板，诱杀其成虫。

**4.药剂防治**　若虫发生高峰期可使用60g/L乙基多杀菌素悬浮剂1 000～1 500倍液，均匀喷雾防治，每个作物周期最多使用1次。

烟蓟马危害果实

# 下 篇

# 葡萄全程绿色防控技术集成应用

　　综合集成农业、物理、生物及化学防治等主要防控手段，以"农业防治＋生态调控＋理化诱控＋生物防治＋科学用药"技术路线，实现全程绿色防控技术集成与应用，达到有效控制农作物病虫害，确保农作物生产安全、农产品质量安全和农业生态环境安全，促进农业增产、增收的目的。

## 农业防治技术

### 1.主导品种

（1）巨峰。为欧美杂交种，原产于日本，目前为南方葡萄主栽品种。上海地区3月下旬萌芽，5月上旬开花，8月中旬浆果成熟，从萌芽至浆果成熟需134～141d，属中熟品种。对霜霉病抗性中等，比较抗灰霉病，易感穗轴褐枯病。

巨　峰

（2）巨玫瑰。由沈阳大粒玫瑰香和巨峰杂交育成，是我国目前种植面积较大的自主选育品种。果粒大、品质优良，具有浓郁的玫瑰香味，3月下旬萌芽，5月上旬开花，7月底浆果成熟，属中熟品种，有脱粒现象，挂果期短，应注意及时采收。对黑痘病、灰霉病、白腐病和炭疽病抗性较强，对霜霉病抗性差。

（3）醉金香。以沈阳

巨玫瑰

醉金香

夏 黑

玫瑰（7601）为母本、巨峰为父本杂交选育而成的四倍体鲜食品种。果粒特大，果穗整齐美观，有浓郁的茉莉香味，3月下旬萌芽，5月上旬开花，7月底浆果成熟，属中熟品种，有脱粒现象，挂果期短，应注意及时采收。较抗霜霉病、灰霉病、黑痘病和炭疽病。

（4）夏黑。别名"夏黑无核"，属欧美杂交种，南方各葡萄产区均有种植。3月下旬萌芽，5月上旬开花，7月中旬浆果成熟，属早熟品种。不裂果，不落粒，可延迟采收，较耐贮运。较抗黑痘病、白腐病和炭疽病，溃疡病抗性较差。

（5）阳光玫瑰。为欧美杂交种，2009年引入我国，近年来其种植面积暴发式增长。3月下旬萌芽，5月上旬开花，8月下旬至9月上旬浆果成熟，果穗中等偏大，具有纯正玫

瑰香味，属晚熟品种。成熟
后可延迟采收，不裂果，不
落粒，较耐贮运。较抗葡萄
白腐病、霜霉病和白粉病，
但不抗葡萄炭疽病。

阳光玫瑰

　　**2.设施栽培**　采用设施栽培，可选择单栋式或连栋式镀锌
钢管大棚、竹木或水泥多连栋简易大棚。简易避雨可选用钢管
或竹木结构小型拱棚、可有效减轻霜霉病及炭疽病等主要病害
的发生。建园选址应尽量选择地势高、有灌溉条件的地方，且
地下水位常年在0.8m以下，土层深厚则更好。

促成栽培

简易竹片避雨棚

**3.冬春管理**　休眠期结合冬剪，剪除有病虫枝蔓，刮除上一年老翘皮，并喷施石硫合剂消毒，清除枯枝落叶集中销毁或深埋，减少翌年病虫害基数。4月下旬，发现被葡萄虎天牛幼虫蛀食流胶的新梢应及时剪除，连同修剪后的枝条，集中处理。在休眠期或萌芽前，使用5波美度石硫合剂进行全园清园消毒，杀灭越冬潜伏的病虫。

熬制石硫合剂

**4.树干涂白** 发芽前，刮除粗皮、翘皮后，用涂白剂涂白主蔓，可消灭树干翘皮缝隙中的越冬病虫，驱避蚧类、绿盲蝽等害虫产卵，同时预防日灼病和冻害。涂白剂按生石灰10份、硫黄1份、水40份比例配置。

**5.地膜覆盖** 葡萄发芽前根际覆地膜保温，覆盖银黑地膜，可抑制杂草生长，减少葡萄园除草人工量；高温季节还能起到降低地表温度，促进根系生长的作用。覆膜既能保湿、除草，又能在雨水过多时将多余的水从膜面及时导入垄沟中排出。

树干涂白

铺设地膜

**6.树形和修剪**　　主要推广高干T形平棚架和高干V形篱棚架，建议干高1.2～1.4m，方便进行修剪、施药、采收等农事操作，抬高葡萄挂果和叶幕位置，提高其光合作用效率和通风透光度，并可预防葡萄白腐病及炭疽病。

高干T形平棚架

高干V形篱棚架

**7.生长季修剪** 剪除介壳虫、溃疡病、透翅蛾和穗轴褐枯病等病虫危害的枝条，防止再次侵染（害）；疏除过密枝、无叶花枝，改善果园通风透光条件，降低果园整体湿度；回缩过长结果枝，减少坐果量，增强树体生长势、提高树体抗病虫性。

生长季修剪

**8.水分管理** 葡萄生长过程中应根据土壤墒情变化，及时进行排水和灌水，有条件的果园可采用"水肥一体化"滴灌系统。上海地区葡萄园普遍地势较低，地下水位较高，推广"毛沟""腰沟""围沟"三沟配套技术，三沟互相连接且与外界河流相通，保证雨水快速排出，降低果园地下水位，便于根系的正常生长、发育，梅雨季节及台风暴雨天气，注意及时清沟排水，避免果园积水，降低果园内部湿度，减轻病害发生。

**9.科学施肥** 9月中旬至10月上旬施基肥，施基肥后及时灌水；根据品种、树龄、产量情况，花后幼果膨大初期施追肥，一般每667m²施氮、磷、钾三元复合肥（45%）20～30kg，果实软化期每667m²施硫酸钾（50%）30～40kg；适当增施有机肥改善土壤结构、培肥改土，促进土壤养分的释放、供应作物养分，有机肥通常以作物秸秆、绿肥、饼肥为主，可提高树体病虫害抗性。

沤 肥

**10.清洁田园** 成熟前树体上存在的病虫果、叶要及时摘除，以减少病原传播；采收结束后对残留在树体上的废袋、病僵果、枯死的枝条及透翅蛾等危害的残梢要及时进行清理，并刮除病斑，以减少病虫越冬基数。7月中旬葡萄虎天牛成虫发生期开展人工捕杀；幼虫为害阶段找出被害部位后，用铁丝将幼虫刺杀。

挖除葡萄虎天牛幼虫

**11.疏果套袋**　花前1周整理花序，落花后幼果开始膨大时进行疏穗，根据树势及穗形大小确定留穗量，疏去小穗、畸形穗、病虫穗和伤穗，确保留穗间距及整体留穗量。蛀果害虫入果前，选用专用套袋，在套袋前进行1次药剂防治，果面药干后进行套袋。专用套袋入口处铁丝应扎在结果枝上，避免扎在果柄处造成果实压伤或落果。

整穗疏粒

专用套袋

## 生态调控技术

筛选种植吸引天敌的蜜源植物、栖境植物、储蓄植物，吸引小花蝽、瓢虫、草蛉、食蚜蝇及蜜蜂等天敌昆虫和授粉昆虫，在果园内定植并建立种群，通过多样化种植，建立植物支持系统，增加天敌种类和数量，对果园害虫实现生物有效控制。

**1.蜜源植物**　为天敌，特别是寄生性天敌提供花粉、花蜜或花外蜜源的植物种类，主要是指花粉、花蜜等自然蜜源丰富且能被天敌获取的显花植物。可选1～2种长花期植物搭配，丰富植物多样性，进一步提高天敌群落多样性及丰富度。如：波斯菊、矢车菊是低秆植物，其花期时对小花蝽、草蛉、瓢虫及蜘蛛等有较好的诱集作用，且花期较长；野菊、一串红等9—10月晚花期植物，花期时对天敌成虫诱集效果较好。

**2.栖境植物**　栖境植物是昆虫生长繁育的必需场所，是目标作物之外的其他作物及非作物植物的统称，是生境调控的重要对象。目前果园栖境植物生态调控的主要形式为自然生草和生草栽培2种。

自然生草是指在果园保留自然长出的适宜草种，如一年蓬、蛇床等，一般在当地乡土草种能够形成自然群落时适用自然生草，并有选择地去除一些田间恶性草种。生草栽培是指在果树采用宽行距的栽培条件下，果园全园行间（或株间）长期种植多年生豆科或禾本科草作为土壤覆盖，根据果树和草的长势决定刈割周期。

行间生草栽培以苜蓿、黑麦草等匍匐低矮型且枝叶繁茂的植物为主，每667m$^2$播种量为2.5～4kg，可减少果园水分蒸发，降低地表温度，改良土壤理化性质，增加有机质，可为小花蝽、草蛉、瓢虫和蜘蛛等多种天敌提供适宜的小气候、庇护所、产卵场所。如紫花苜蓿为多年生草本，花期为5—7月，主要害虫苜蓿蚜仅危害豆科类、苜蓿类等植物，可为天敌提供充足的替代寄主，有益于增殖天敌种类及数量。注意每次草高达20～30cm时刈割1次，留草高10cm左右为宜，方便农事操作。铲除根深、高秆的恶性杂草。

葡萄园进行自然生草或生草栽培一定程度上会增加绿盲蝽危害概率，因此，应注意监测葡萄园绿盲蝽危害发生动态，及时进行防治。

生草栽培（黄花苜蓿）

自然生草

**3.储蓄植物** 也称"载体植物、银行植物"。储蓄植物系统是一个天敌饲养和释放的系统，是有意在作物系统中添加或建立的作物害虫防治系统。如：向日葵、玉米等高秆植物（>100cm）其上害虫分别以粉虱、蚜虫为主，可增加天敌昆虫替代猎物丰富度，且此类高秆植物生长周期较长，对小花蝽、瓢虫及草蛉等天敌昆虫种群数量有较好的增益效果。

| 蜜　蜂 | 蜘　蛛 |

小花蝽　　　　　　　食蚜蝇

## 理化诱控技术

**1.色板诱虫**　利用蚜虫、叶蝉对黄色趋性以及蓟马对蓝色的趋性，在春季害虫田间初现期悬挂可降解黄板、蓝板，悬挂高度为葡萄架面下10cm处，每667m²悬挂20 ~ 30张。田间害虫发生量较大时应注意，若粘虫板已粘满害虫或黏度下降时应及时更换，注意将更换下来的黄板、蓝板及时清理出园外，集中处理。

黄板诱杀

**2.杀虫灯诱杀**　使用频振式杀虫灯、太阳能杀虫灯诱杀鳞翅目、鞘翅目等害虫。杀虫灯应安装在葡萄园地域开阔、透光性好、无遮挡物、避开照明光源直射干扰的地带，单灯控制面积为1.33万 ~ 2万 m²，各灯间隔300m左右。

4月底至10月底，每日傍晚开灯、清晨关灯。每周定期清理电网、灯管上的虫体、杂物，保持清洁，以提高诱杀效果，同时清理收集袋中虫体。6—8月诱杀高峰期每周清理2次。冬季注意对杀虫灯进行保养维护，入库妥善保管。

太阳能杀虫灯

频振式杀虫灯

**3.性诱防治** 4月初设置性信息素诱捕器诱杀葡萄透翅蛾、绿盲蝽等害虫成虫，可选用三角形粘胶诱捕器、新型飞蛾诱捕器、船型粘胶诱捕器、水盆诱捕器以及蛾类通用诱捕器，每667m²设置2～3套，悬挂于距离葡萄顶端20～30cm处，各诱捕器间距5m以上。

蛾类通用诱捕器（绿盲蝽）

船型粘胶诱捕器

　　目前，果树生产常见诱芯有树脂橡胶诱芯、PVC毛细管诱芯和毛细管固体凝胶诱芯等，可根据各葡萄园主要发生鳞翅目害虫种类选择合适的诱芯和诱捕器诱杀雄虫。如防治绿盲蝽，可选用树脂橡胶诱芯配套蛾类通用诱捕器；防治葡萄透翅蛾，可选用树脂橡胶诱芯配套翅膀型粘胶诱捕器。诱芯应低温保存，设置后每月更换1次诱芯，清除诱捕器内虫体，更换粘虫板，水盆诱捕器要注意及时加水；安装不同害虫诱芯后需洗手或佩戴手套，避免相互污染。性诱防治至10月中旬，连续3d未诱到雄虫时结束。

树脂橡胶诱芯

**4.糖醋液诱杀技术** 利用葡萄透翅蛾、葡萄天蛾等蛾类害虫成虫对糖醋液味道的趋性，成虫发生期每667m² 放置4 ～ 6个糖醋液诱捕器，连续3d诱不到成虫为止。糖醋液配比比例为白糖∶乙酸∶乙醇∶水＝3∶1∶3∶80，现用现配，以免影响诱杀效果。糖醋液放置在塑料盆或专用诱捕器内，占容器体积1/2为宜，悬挂在树冠外围中上部无遮挡处。雨季和高温天气，蒸腾、流失量大，注意补充糖醋液并清理虫体，废弃糖醋液和虫体带出园外深埋处理。

糖醋液诱杀蛾类害虫

**5.防虫网** 设防虫网是通过人工构建的屏障，隔绝害虫进入作物生产保护地的一种物理防控措施，减少害虫入棚危害葡萄生产的同时，也兼具一定的防鸟作用。上海地区夏季温度较高，防虫网选择时注意不要用目数过高的网，这样的网容易对棚内通风、散热造成不利影响。防虫网一般选择25 ~ 40目，宽幅和长度根据棚的裙边和棚长因地制宜，一般在葡萄萌芽后使用。注意棚门口防虫网的加固，防止防虫网飘起影响防虫效果。

防虫网应用

## 生物防治技术

**1.保护利用天敌** 在果园生态系统中，建立天敌栖息保护区，保护天敌昆虫生活的环境，有利于其生存和繁殖，以充分发挥它们对果园害虫的控制作用。减少化学农药使用次数，避免在天敌繁殖高峰期使用广谱、高毒农药。

**2.生物农药** 目前，葡萄生产上登记使用的生物农药以植物源、微生物农药和微生物源农药为主，有苦皮藤素、苦参碱、哈茨木霉及大黄素甲醚等10个品种。

● **植物源农药：**

（1）苦皮藤素。苦皮藤素是植物源杀虫剂，存在于卫矛科南蛇藤属苦皮藤的根部。它具有胃毒、触杀和麻醉、拒食的作用，以胃毒为主。对部分鳞翅目、直翅目、半翅目及鞘翅目害虫有高效。主要作用于昆虫消化道组织，破坏其消化系统，导致昆虫进食困难，饥饿而死。登记葡萄使用产品为1%苦皮藤素水乳剂，制剂用量为每667m² 喷雾30 ～ 40mL防治绿盲蝽。

使用注意：对鸟类、鱼类等水生生物有毒，施药期间应避免对周围鸟类的影响，鸟类保护区附近禁用；远离水产养殖区施药，禁止在河塘等水体中清洗施药器具；建议与其他作用机制不同的杀虫剂轮换使用，以延缓抗性产生；用过的容器应妥善处理，不可另作他用，也不可随意丢弃。

（2）苦参碱。苦参碱属天然植物源农药，是由中药植物苦参的根、果等用乙醇等有机溶剂提取制成的生物碱，兼具杀虫和杀菌的功能。它作为杀虫剂时能引起害虫中枢神经麻痹，虫体蛋白凝固，从而堵死虫体气孔，使虫体窒息死亡；作为杀菌剂时，能抑制菌体生物合成，干扰菌体的生物氧化过程。登记葡萄使用产品有0.3%苦参碱水剂、0.5%苦参碱水剂以及1.5%苦参碱可溶液剂，主要用于防治葡萄灰霉病、炭疽病、霜霉病和蚜虫。

使用注意：不可与碱性物质混用；对蜜蜂、鸟及水生生物有毒，施药期间应避免对周围蜂群的影响，周围开花作物花期和鸟类保护区附近禁用；远离水产养殖区施药，禁止在河塘等水体中清洗施药器具。

（3）丁子香酚。丁子香酚是从丁香植物中提取有效成分配制的杀菌剂，主要通过改善病菌生长的微环境和抑制疫霉菌的腺嘌呤核苷脱氨酶的活性，干扰病菌的有丝分裂过程，使病菌死亡。登记葡萄使用产品为0.3%丁子香酚可溶液剂，可在发病初期稀释500 ～ 650倍喷雾防治葡萄霜霉病。

使用注意：对蜜蜂、水生生物（鱼类等）、家蚕有毒，开花作物花期、蚕室及桑园附近禁用；远离水产养殖区施药，禁止在河塘等水域内清洗施药器具；施药后及时清洗药械，不可将废液、清洗液倒入河塘等水源；使用过的空包装，用清水冲洗3次后妥善处理，切勿重复使用或改作其他用途；不要与碱性物质混合使用。

（4）大黄素甲醚。大黄素甲醚是以天然植物大黄为原料，经提取其活性成分，加工研制而成的，通过干扰病原真菌细胞壁几丁质的生物合成，使芽管及菌丝体局部膨大、破裂，细胞内含物泻出，从而导致死亡，此外还能抑制孢子的产生和病斑的扩大，具有较好的内吸性传导作用。登记葡萄使用产品有2%大黄素甲醚水分散粒剂、0.8%大黄素甲醚悬浮剂，可在发病初期喷雾防治葡萄白粉病。

使用注意：建议与其他作用机制杀菌剂交替使用，以延缓抗性产生；不得与碱性农药等物质混用，以免降低药效；对鱼类等水生生物有毒，远离水产养殖区河塘等水体施药，禁止在河塘等水体中清洗施药器具；用过的包装物应妥善处理，不可另作他用，也不可随意丢弃。

（5）蛇床子素。蛇床子素是从中药材蛇床子中提取的天然植物杀菌活性物质，具有保护性及内吸传导性，能破坏致病菌细胞壁的生长并致其菌丝大量断裂，速效性好。同时还可提升作物体内碳水化合物及微量元素含量，增强作物免疫力；耐雨水冲刷，持效期长。登记葡萄使用产品有1%蛇床子素可溶液剂、1%蛇床子素水乳剂、1.5%苦参·蛇床素水剂，主要用于喷雾防治葡萄霜霉病和白粉病。

使用注意：水产养殖区、河塘等水体附近禁用，禁止在河塘等水体中清洗施药器具；养蜂场所和周围开花植物花期禁用，使用时应密切关注对附近蜂群的影响；蚕室及桑园、鸟类保护区附近禁用；用过的容器应妥善处理，不可另作他用，也不可随意丢弃；建议与其他作用机制不同的杀虫剂轮换使用，以延缓抗药性产生。

(6) β–羽扇豆球蛋白多肽。β–羽扇豆球蛋白多肽是具有多重作用方式的保护性生物杀菌剂，其有效成分是一种在可食用的甜味羽扇豆种子萌发过程中形成的天然存在的多肽。β–羽扇豆球蛋白多肽的接触抗真菌活性来源于其对真菌细胞的几个靶标位点的联合作用。β–羽扇豆球蛋白多肽显示出对几种阳离子的螯合活性，该活性可干扰微生物细胞体内平衡并最终导致细胞死亡。登记葡萄使用产品为20% β–羽扇豆球蛋白多肽可溶液剂，可稀释420 ～ 555倍喷雾防治葡萄灰霉病和葡萄白粉病，施药后需要2 ～ 4h的干燥时间，以确保在下雨或灌溉之前有效成分可以固定在植物组织上。

使用注意：对眼睛具有刺激性，使用时应穿戴防护服和手套并戴防护眼镜，避免吸入药液，饮食、饮水、咀嚼口香糖、吸烟及使用卫生间前请洗手，施药后脱掉个人防护服及手套并及时清洗暴露部位的皮肤。施药后应及时更换衣物；禁止过量使用，建议与不同作用机制的药剂轮换使用；禁止在河塘等水域清洗施药器具；用过的容器应妥善处理，不可另作他用，不可弃于水田、湖泊及沼泽。

● **微生物农药：**

(1) 木霉菌。木霉菌为真菌类生物杀菌剂，通过产生小分子的抗生素和大分子的抗菌蛋白或胞壁降解酶类，有针对性地抑制病原菌的生长繁殖和入侵感染。快速生长和繁殖的木霉菌夺取水分和养分、占有空间、消耗氧气，以此削弱和排除灰霉病的病原物，在特定环境里形成腐霉，对灰霉病菌具有重寄生作用,抑制灰霉病症状的出现。登记葡萄使用产品为2亿孢子/g木霉菌可湿性粉剂，在病害发生前或发生早期喷雾防治葡萄灰霉病，每667$m^2$使用200 ～ 300g。

(2) 哈茨木霉。哈茨木霉有效成分为哈茨木霉T-22株系，是木霉菌中应用最早最广的一个菌种。哈茨木霉T-22株系是人工修饰的株系，由T95株系为母本和T12株系为父本通过细胞融合技术获得的人工杂交株系。登记葡萄使用产品有2亿孢子/g哈茨木霉LTR-2可湿性粉剂、1亿孢子/g哈茨木霉水分散粒剂以及3亿孢子/g哈茨木霉可湿性粉剂，用于喷雾防治葡萄灰霉病、霜霉病。

使用注意：远离水产养殖区施药，禁止在河塘等水体中清洗施药器具，避免污染水源；小包装开封后，要尽快使用，最好在一次施药中使用完；在配制药液时，要充分搅拌均匀；不可与呈碱性的农药等物质混合使用；使用后的容器应妥善处理，不可另作他用，也不可随意丢弃。

● **微生物源农药：**

（1）嘧啶核苷类抗菌素。嘧啶核苷类抗菌素为一种碱性核苷类农用抗生素，抗菌谱广，以预防保护作用为主，兼具一定的治疗作用，其杀菌原理是直接阻止植物病原菌蛋白质的合成，导致病原菌死亡。登记葡萄使用产品有4%嘧啶核苷类抗菌素水剂、2%嘧啶核苷类抗菌素水剂，用于喷雾防治葡萄白粉病。

使用注意：不可与碱性农药等物质混用；远离水产养殖区施药，禁止在河塘等水域中清洗施药器具；用过的容器应妥善处理，不可另作他用，也不可随意丢弃；建议与其他作用机制不同的杀菌剂交替使用。

（2）多抗霉素。多抗霉素是一种多氧嘧啶核苷类农用抗菌素，具有较好的内吸传导作用，其作用机制是干扰病原真菌细胞壁几丁质的生物合成，芽管和菌丝体接触药剂后，局部膨大、破裂，溢出细胞内含物，使病菌不能正常发育，导致死亡。同时还有抑制病菌产孢和病斑扩大的作用。登记葡萄使用产品有10%多抗霉素可湿性粉剂、16%多抗霉素可溶粒剂，可用于喷雾防治葡萄白粉病和葡萄炭疽病。

　　使用注意：避免过度连用，建议与其他作用机制的药剂轮换使用，不可混用波尔多液等碱性物质；对眼睛有轻度至中度刺激性，使用时需做好防护措施；药液及其废液不得污染各类水域、土壤等环境，远离水产养殖区施药，剩余药液应该避免污染鱼塘等水源，禁止在河塘等水体中清洗施药器具；使用后容器应妥善处理，不可另作他用，也不可随意丢弃。

## 科学用药技术

　　**1.加强测报，适时用药**　施药前应及时掌握田间病虫害发生动态，结合天气情况，根据农业部门病虫情报掌握准确防治适期，精准用药；杀虫剂施药时间应遵循"治早治小"的原则，杀菌剂施药时间应掌握在病害发生初期。

病虫测报调查

智能孢子捕捉仪

### 2.科学防治，安全用药

（1）合理选择药剂。尽量使用本市重点推荐的高效、低毒农药品种（表1），严格按照使用规程和推荐剂量施用；不得使用禁用农药和剧毒、高毒农药。同时，遵守《农药管理条例》，严格按照农药标签标注的使用范围、使用方法和剂量、使用技术要求和注意事项使用农药。不得扩大使用范围、加大用药剂量或者改变使用方法。

表1　上海市葡萄推荐农药品种目录（2023年）

| 类别 | 主要产品 | 防治对象 | 毒性 | 使用方法 |
|---|---|---|---|---|
| 杀虫剂 | 1.5%苦参碱可溶液剂 | 葡萄蚜虫 | 低毒 | 喷雾 |
| | 25%噻虫嗪水分散粒剂 | 葡萄介壳虫 | 低毒 | 喷雾 |
| 杀菌剂 | 40%腈菌唑可湿性粉剂 | 葡萄炭疽病 | 低毒 | 喷雾 |
| | 10%苯醚甲环唑水分散粒剂 | 葡萄炭疽病 | 低毒 | 喷雾 |
| | 250g/L嘧菌酯悬浮剂 | 葡萄霜霉病、白腐病、黑痘病 | 微毒 | 喷雾 |

（续）

| 类别 | 主要产品 | 防治对象 | 毒性 | 使用方法 |
|---|---|---|---|---|
| 杀菌剂 | 75%肟菌·戊唑醇水分散粒剂 | 葡萄白腐病、黑痘病 | 低毒 | 喷雾 |
| | 77%硫酸铜钙可湿性粉剂 | 葡萄霜霉病 | 低毒 | 喷雾 |
| | 23.4%双炔酰菌胺悬浮剂 | 葡萄霜霉病 | 低毒 | 喷雾 |
| | 70%丙森锌可湿性粉剂 | 葡萄霜霉病 | 低毒 | 喷雾 |
| | 400g/L嘧霉胺悬浮剂 | 葡萄灰霉病 | 低毒 | 喷雾 |
| | 500g/L异菌脲悬浮剂 | 葡萄灰霉病 | 低毒 | 喷雾 |
| | 50%嘧菌环胺水分散粒剂 | 葡萄灰霉病 | 低毒 | 喷雾 |
| | 2亿孢子/g木霉菌可湿性粉剂 | 葡萄灰霉病 | 低毒 | 喷雾 |
| | 50%啶酰菌胺水分散粒剂 | 葡萄灰霉病 | 低毒 | 喷雾 |
| | 43%氟菌·肟菌酯悬浮剂 | 葡萄白腐病、黑痘病、灰霉病 | 低毒 | 喷雾 |
| | 300g/L醚菌·啶酰菌悬浮剂 | 葡萄穗轴褐枯病 | 低毒 | 喷雾 |
| | 60%唑醚·代森联水分散粒剂 | 葡萄霜霉病、白腐病 | 低毒 | 喷雾 |

（2）科学施用。喷雾尽量均匀周到，尤其注意叶背面着药情况；合理复配、混用农药，氢氧化铜、石硫合剂等碱性农药避免与酸性农药混合使用，微生物源农药尽量避免与化学杀菌剂混合使用；合理轮换使用农药，延缓抗药性产生；严格遵守安全间隔期；盛花期

做好用药记录

禁止用药，防止产生药害；果农应当建立田间档案，详细记录用药情况。

（3）安全防护。农药施用时间尽量安排在清晨或傍晚，避免在烈日下、大风或大雨天气用药；在开启农药包装、称量配制以及施用时，操作人员应穿戴必要的防护器具，避免农药经口、鼻、眼及皮肤进入体内；农药称量、配制应根据药品性质和用量进行，防止溅洒、散落；药剂应随配随用；开封后余下的农药应封闭在原包装内，不得转移至其他包装中。

安全施药

（4）生态保护。避免天敌迁移、繁殖高峰期使用菊酯类和有机磷类等对天敌杀伤力较大的杀虫剂；配制农药的场所应远离住宅区、牲畜和水源；施过药的田块应树立明显警示牌，施药后一定时间内禁止人、畜进入；配药器械一般要求专用，每次使用后洗净，不得在河流、沟渠边冲洗；对蜜蜂、家蚕有毒的农药，施药期间应避免对周围蜂群的影响，蜜源作物花期、蚕室和桑园附近禁用。

**3.先进药械，高效用药** 背负式喷雾器、担架式（框架式、车载式）及推车式（手推式）机动喷雾机等半机械化植保机械以其价格低、操作简单、无使用条件限制等优势，目前仍在上海葡萄种植区广泛应用。但其存在劳动强度大、作业效率低、药液浪费大、农药利用率低、施药人员中毒概率高、雾滴飘失严重等问题。根据当前都市绿色现代农业的植保工作要求，逐步推进葡萄园标准化、机械化种植模式，对老葡萄园进行改造，农机农艺深度融合，适应机械化操作模式，使用高效植保机械，提高防治效率和农药利用率。

（1）风送式喷雾器。风力辅助喷雾技术利用高速风机产生的强气流，将药液经过药泵和喷头雾化形成细小雾滴，进而提升防虫治病的效果。该技术既能保证喷雾距离，又能增强雾滴穿透性和沉积均匀性，同时气流扰动叶片翻转提高了叶片背面药液的附着率。该类型药械适用于行距4m以上，并在作业行留有专用掉头空间的果园，设施栽培葡萄园需预留药械进出通道，才能充分发挥其作业优势。

风送式喷雾器

　　（2）管道喷雾技术。管道喷雾技术指采用地下埋设管道的方式，经立管连接地面高压软管和喷枪，通过药泵对药液加压送入管道后带动多个喷枪同时作业。相比半机械化植保机具，在集中连片管理、大中型机械进园难的果园该技术具有突出优势。目前，国内开发改良出管道自动顺序喷雾系统，可控制布置在果园中的电磁阀依次开启和关闭，按照预设喷雾压力和喷雾时间，进行果树自动顺序喷雾，不再需要人工进入果园作业，实现精准、智能化施药操作，降低农药使用安全风险。但该技术仍然存在管道压力分布不均、时常爆管、管道药液残留腐蚀、喷头易堵塞等问题，日常需要注意喷雾设施的维护。

管道喷雾设施

## 图书在版编目（CIP）数据

上海地区葡萄病虫害绿色防控手册／田如海，管丽琴主编．—北京：中国农业出版社，2024.3
ISBN 978-7-109-31845-8

Ⅰ.①上… Ⅱ.①田…②管… Ⅲ.①葡萄-病虫害防治-手册 Ⅳ.①S436.631-62

中国国家版本馆CIP数据核字（2024）第063860号

---

中国农业出版社出版

地址：北京市朝阳区麦子店街18号楼

邮编：100125

责任编辑：阎莎莎 文字编辑：常 静

版式设计：王 晨 责任校对：范 琳

印刷：中农印务有限公司

版次：2024年3月第1版

印次：2024年3月北京第1次印刷

发行：新华书店北京发行所

开本：880mm×1230mm 1/32

印张：3.25

字数：82千字

定价：30.00元

---